売ってはいけない 売らなくても儲かる仕組みを科学する

大賣場旁的小販為什麼不會倒？

當產品生命週期
縮短為從前的1/5，
你需要更有效的行效技術！
49家跨產業實證成功案例，
他們究竟
做對了什麼?!

23招包你接單到手軟的銷售密技

永井孝尚——著
郭書妤——譯

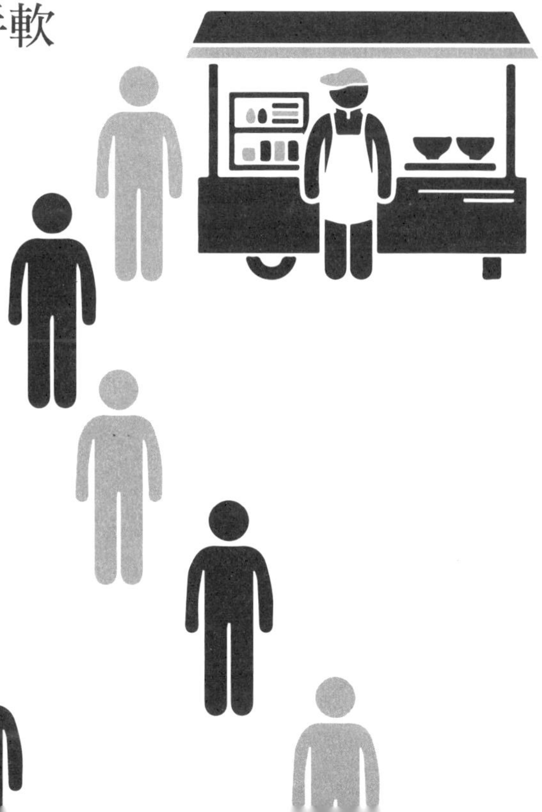

〔前言〕

運用創意，便「不需要強行推銷」

日本的商業人士盡是一些對正確銷售法一無所知的人。

這就是公司充斥茫然氛圍的一大原因。

即使是被稱為超級業務員的人也無一例外。

某間公司的一位業務主管就任社長。

他的口頭禪為「數字就是人格」、「業務員最偉大」。

他嚴格命令員工：「重要的是銷售額，與本期銷售額無關的活動全都給我停止」。

銷售額難以達到目標時，他會停止舉行所有的公司內部會議，把全部的員工都拉去當推銷員。

對於業務成績優秀的人，給予鉅額的獎金；業績未達標者，則嚴苛以待。他就任後不斷下猛藥，使銷售額獲得成長。

但是這種極端的作法無法持續下去。不久之後，公司便開始陷入低潮。之後他因職權騷擾問題而辭職。公司內部四分五裂，現在正在全力重整。

雖然我把故事簡化到好似我自己不知道那間公司的名字，但那可是我接觸過的真實企業案例。

第一線員工也有一樣的問題。應該有很多人接過這樣的電話：

「我是〇〇公司的□□。這次致電是想要介紹價格優惠的大廈住宅。」

「請問您找誰？」

「我是打給現在接起電話的客戶……」

「所以說，你來電是要找誰啊？」

「我只是按照電話號碼列表的順序打電話……」

連業務員本人都不知道自己推銷的對象是誰。這種銷售方式若能成功，那就是奇蹟了。

順帶一提，在有線電話的時代，似乎也有公司讓員工用膠帶把聽筒黏在手上，打一整天的電話，強硬地糾纏客戶。

靠販賣至上主義賣出商品的時代，早就已經結束了。

世間正在急速改變。

現在「不銷售商品的店」走在時代的尖端；商品開發的方法論（methodology）也完全改變；用從前的方式去提供現在流行的訂閱服務會慘遭滑鐵盧；現今也有「客戶成功（customer success）」這種全新的工作誕生。

但是社會上的主流作法依舊是昭和時代[1]的「大量生產，大量低價販售」。

第一線的推銷人員疲憊不堪；顧客憤怒逃離；企業賺不到錢。所有人都備感痛苦。

二〇一九年引發話題的簡保生命與 Leopalace 21 等醜聞，其背後也大多隱藏著這種錯誤的銷售方式。

努力賣也賺不到錢的理由

我認為問題的根源，只可能是「強行推銷」。

只要嘗試以更宏觀一點的角度去看待銷售，一切就會完全不同。

著名的彼得·杜拉克（Peter Ferdinand Drucker）說過：「行銷的終極目的是不必推銷」。企業需要的是從販賣至上主義，轉換至行銷創意。

如果沒有行銷創意，再怎麼努力推銷也賺不到錢。

「賣」這件事，不是完全不能做。

不能做的是「只想著賣」。

企業必須運用行銷創意，構思出不用強銷硬賣也能自然賣出商品的機制。

這樣顧客就會變得幸福，銷售方也不會疲乏，形成更加幸福的世界。

因此我將在本書中舉出「不能強銷硬賣」的常見案例，解釋其理由，並分成幾個主題，在六章內具體思考能讓商品大賣的辦法。

第一章，我會舉出停止強銷硬賣後獲得成功的案例，並深入挖掘其理由。

---

1 一九二六年底至一九八九年初。

第二章之後則是介紹具體的方法。

第二章為「銷售策略」。銷售時帶著「顧客是神」的想法，反而賣不掉。

第三章為「顧客」。我們不瞭解顧客到出乎意料的地步。

第四章為「促銷策略」。現在這個時代，光是顯眼可是無法大賣。

第五章為「商品的策略」。我們必須改變「商品開發」這種想法本身。

第六章為「定價策略」。縱使能用「賣得出去的價格」賣出商品，也不可以這樣賣。

最後以「長篇後記」思考能穩固銷售機制的方法。

從販賣至上主義，轉換至行銷創意

企業首先要脫離販賣至上主義，轉換成運用行銷創意。

然後只要知道在什麼樣的狀況下「不能賣」，並明白其理由，就能賣出商品、賺大錢。

實際上也有許多人來找我諮詢過各式各樣的事情。

印刷產業的景氣持續低迷。某間創立近百年的老字號印刷公司，就曾經陷入典型的販賣至上主義。該公司的事業型態為接單生產，國內客戶交付檔案後，公司會代為印刷，多年來一直持續削價競爭。會獨立思考行動的員工也屈指可數。

在該公司工作的經理參加了我主持的永井塾，並找我商量。

「我心裡產生了危機感，想要改變這種狀況。」

於是我告訴他以下幾點：

- 公司過往至今的販賣營利方式只仰賴訂單，削價競爭會對公司造成耗損而無法持續。公司必須改為重視行銷創意，以海外等更大的市場為目標並主動提案，讓客戶說出「這工作一定要委託給貴公司」。
- 總是認為「只要按照指示工作就好」的員工之中，即便不多，也一定有人能夠理解行銷創意的必要性。你可以找到那樣的同事，讓對方成為你的戰友，把公司變成重視行銷創意的組織。你要不要試試看呢？

這位經理之後也有來參加永井塾，持續學習行銷創意。

然後他跟年輕後輩一起展開行動，建立高附加價值的企劃提案型事業，向海外廠商提案，提供高格調的創意媒體製作服務。

據說多虧這位經理與核心員工、年輕後輩一同攜手努力、做出成果，讓公司內部那原地踏步的氣氛，逐漸開始有了活力，行銷創意也自然而然地持續滲透整間公司。

就像這樣，本書裡的大多數案例，都是依據我與商業界客戶一同經歷過的煩惱。希望你也務必加以參考，並運用在你的實務工作上。

二〇一九年九月
永井孝尚

目錄

CONTENTS

第5章 不要賣給大市場

第6章 不要用「賣得出去的價格」賣 207

第 1 章

停止強行推銷後，開始獲利

第1節　讓顧客來幫你賣，不要自己推銷

讓原本負成長的雀巢一舉逆轉的「不推銷策略」

為了賣出商品，企業有時得向從未接觸過的新顧客推銷。但若該領域早有強勁的對手，那麼即便努力推銷，大多也敵不過對方。這種時候最需要轉換思路，不必堅持自己推銷。

雀巢的雀巢咖啡（Nescafé）與奇巧巧克力（KITKAT），經由超商與超市這些零售商販賣。在以消費者為目標客群的零售業裡，雀巢擁有豐富的經驗與知名度。另一方面，日本雀巢（Nestlé Japan）打從二〇〇一年起，持續了近十年的負成長。除去收購等獲利，其本業獲利率平均為每年負二．三％。

當時雀巢的事業型態為「製作商品並利用零售商大量販售」，相當仰賴零售商。在已然成熟的日本市場中，這種大量生產、大量販售型的事業已經碰到瓶頸。

於是雀巢決定轉換成問題解決型的商業模式。

他們看中的是員工為二十名以下的小型公司。

小型公司沒有咖啡自動販賣機，去超商或咖啡館購買也頗麻煩。

這種公司在全日本有五三〇萬處，有二三〇〇萬名商業人士在那些地方工作。

雀巢認為「這些地方埋藏著巨大的商機」。

當時雀巢開始販售能沖調出美味咖啡的單杯萃取型咖啡機，並將即溶咖啡製成補充式產品。

若小型公司設置這種咖啡機，就能以一杯二十日圓的價格喝到咖啡。

但是雀巢向小型公司的總務部門或採購部門推銷後，對方的回應卻是「可以便宜一點嗎？」、「請進行業者註冊」。

過去均透過零售商銷售商品的雀巢，並未具備以法人為銷售對象的商業經驗。

在以辦公室為目標客群的咖啡市場裡，UNIMAT（UNIMAT LIFE CORPORATION）已與許多公司的採購或總務部門往來數十年，擁有豐富的交易成績。就算雀巢踏踏實實地努力推銷，也難以追上他們。

於是雀巢想出了一個點子，那就是「雀巢咖啡大使（Nescafé ambassador）」。

無自動販賣機的小型職場沒有「讓員工享用咖啡的休息時間」。員工之間的交流往往也會隨之減少。因此，對於「想要在職場上跟同事一起喝咖啡以放鬆對談」的人，雀巢會無償提供咖啡機，那個人則會成為「雀巢咖啡大使」，在辦公室提供咖啡。

咖啡大使用自己的信用卡，在網路上購買補充包，然後再向同事收取單杯費用。也就是身為顧客的咖啡大使暫時代付咖啡錢，替雀巢將咖啡賣給職場的同僚。

順帶一提，咖啡大使皆為自願，雀巢沒有付他們錢。

雀巢還製作了「輕鬆說服懶人包」[1]，讓大使能從網路下載，用來說服職場同僚。

透過咖啡大使就不需要採購或總務部門的認可。

雀巢無償提供咖啡機，改以一杯二十日圓的咖啡補充包獲利。

開始實行雀巢咖啡大使制度後，不只小型職場加入，還擴展至雀巢意料之外的職場，如醫院、學校、髮廊，還有卡車的駕駛座等等。

無償提供，賺回大錢

雀巢時常傾聽大使的意見並回應其要求，其中一個就是「輕鬆配送服務」。這是顧客不用特地訂購，也能定期收到咖啡補充包的機制。這種機制減少了忘記訂購的狀況，讓更多大使能持續訂購咖啡補充包。

二〇一九年時，利用雀巢咖啡大使制度的人超過了四十五萬。

據說當初雀巢內有人提出「無償提供咖啡機」這個方針時，咖啡機販售部門還咄咄逼人地質問「為什麼要免費提供」。不過後來那些咖啡大使公司裡，還有人購買了家用的咖啡機，銷售數量超過兩百萬台。

而且雀巢還把咖啡大使制度所培養出來的定期購買模式、網路銷售、網站經營與配送等經驗，運用於發展新事業。例如近年認為「寵物是家庭的一份子」的家庭不斷增加，於是雀巢鎖定正在接受獸醫師指導的飼主，提供貓狗用處方食品的定期購買服務，並獲得了一萬名以上的定期訂購顧客。

據說日本雀巢除去收購等項目的本業獲利，從二〇一〇年起便已轉虧為盈。只要轉換思路，銷售方式要多少有多少。讓顧客幫忙賣也是一種方法。

---

1 らくらく社内説得キット，直譯為「輕鬆説服公司同事用的工具組」，內容為全彩的Q&A電子檔案，可供列印。

首先必須要做的是找出目標顧客，並瞭解那些顧客的需求。
然後在思考「如何提供解決方案」時，不可受過往常識束縛。

POINT

即便不向顧客推銷，只要活用自己公司的強項，就有辦法把商品賣出去。

第2節　不在實體店鋪賣東西

應該有很多人都「偏好用智慧型手機購物」吧。我家也大多是在網路上購物。網路上有種類廣泛的商品可以選擇，且隔天就能送達。也不需要把商品從商店帶回家，而且還很便宜。

我也是在網路訂購夏天穿的T恤。我可以選擇喜愛的顏色，並加上喜歡的刺繡跟姓名，做出符合自己喜好的T恤。

由於現在是這樣的時代，所以就算有人認為「實體店鋪已經賣不動了」，那也不奇怪。

可是現實是網路普及讓實體店鋪有了新的可能性。

那就是：故意不在實體店鋪銷售商品。要是執著於「賣」，就難以意識到這種方法。

ＧＵ推行「只供試穿的門市」

我實際造訪了ＧＵ（極優）在原宿開的不販賣商品的新世代門市「GU STYLE STUDIO」。

雖說是「新世代門市」，店內卻出乎意料地狹小。跟位於大阪心齋橋的超大型門市相比，面積僅有三分之一，但是據說所備品項幾乎一模一樣。

這是理所當然的，因為該門市是試穿專用門市，中意的衣服要用智慧型手機購買。

事前準備很簡單，只要下載到智慧型手機先下載ＧＵ的應用程式，再登入UNIQLO（優衣庫）的網購用ＩＤ即可。

我很快就在店裡發現看起來不錯的Ｔ恤。我用應用程式掃描了印在Ｔ恤標籤吊牌上的行動條碼（QR Code），當場用應用程式下單。這樣便完成結帳。

然後ＧＵ隔天就把Ｔ恤寄到我家。

我不必在收銀機前等著排隊付款並把商品帶回家。

「門市僅供試穿，販售則用網路」，ＧＵ這種清楚劃分的作法也帶來了許多好處。

店裡只要放樣品衣就ＯＫ，不需要銷售用的商品庫存。即便是狹小的門市，也能備齊所有品項。就算是在原宿這樣的高級地段，也能以低成本展店。

ＧＵ一般門市的店員，似乎都忙於上架與收銀檯結帳的工作。

但是這間門市的店員則會親自接待每一位顧客。

提供購衣建議是門市原本就有的接待服務，店員之所以能專注於此，就是因為商品上架與結帳收銀的工作消失了。

這世間資訊滿溢。如果要顧客在這之中挑上自己的商品，就要將能夠體驗商品的環境變得富有魅力。於是ＧＵ將「豐富品項」、「穿搭」、「便利」這三項作為概念，開了GU STYLE STUDIO。

從顧客那裡蒐集而來的資訊與真實意見，也能活用在商品開發、生產與物流等方面，讓商品與其提供方式變得更加吸引顧客。雖然ＧＵ現在的網路銷售比率為六％，但據說ＧＵ今後的目標是將之提升至三〇％。

ＧＵ由發展 UNIQLO 的迅銷集團（FAST RETAILING）所經營。

面對顧客想要的商品，迅銷集團的目標是要立即商品化並加以提供，為了從根本改革公司，迅銷集團將總部移至有明倉庫，推動「有明計畫（Ariake Project）」。

GU STYLE STUDIO 則是推動有明計畫的一環。

實體店鋪的強項為「能接待顧客」；網路的強項則為「能提供豐富的商品選項」。ＧＵ的目的就是要獲得這兩者的相乘效果。

丸井百貨早就「不在店頭賣東西」了！

丸井百貨也以其他途徑擴展了實體店面的可能性。

說起丸井百貨，它過去可是「以年輕人為客群的流行時尚百貨」。

以前在車站前的高級地段一間接著一間展店；以「丸井就在車站旁」為標語的廣告，在電視上大量播送；丸井百貨還創造出「ＤＣ品牌風潮」[2]，積極發展服飾店，不斷地販售商品。然而，如今的丸井百貨大有轉變。

例如新宿丸井百貨的三樓有觸控筆大廠 Wacom 的直營店。顧客無法在那裡買到商品，只能試用觸控筆，商品要從網路或其他門市購買。負責接待顧客的則是丸井百貨的員工。丸井百貨受 Wacom 委託，由丸井員工負責該店的營運。

一樓則有蘋果（Apple）新宿店，那裡也是專門用來體驗蘋果商品的店面。新宿丸井百貨面對著人潮洶湧的大道，這兩間店面都位於其低樓層，也就是位於高級地段。

大多數的百貨公司，都會在一樓設置名牌或高價化妝品的門市櫃位，以謀求最大營收。

然而丸井百貨竟然不在這種黃金地段銷售商品。

丸井百貨停止自己對於店面營收的執著。

但是新宿丸井百貨卻擠滿了顧客，熱鬧非凡。

2 D指Designer's（設計師品牌），C指Character's（特定形象、特定風格品牌）。DC品牌為一九八〇年代時，在日本造成風潮的日本服飾品牌總稱。

過去的丸井百貨，採用的是徹底追求營收與毛利的百貨公司模式。可是當社會變得富裕，只追求物質富足的百貨公司模式，便不再有成長空間。丸井百貨擅於販賣的服飾類商品，已經賣不動了。

於是二〇一四年五月時，丸井百貨大大轉變策略，他們活用「站前黃金地段」這個優勢，招攬強大的承租者。丸井百貨下定決心從「追求商品營收」的百貨公司模式，轉換成「追求櫃位租金收入」的購物中心模式。

二〇一九年時，丸井百貨將最初規劃的所有櫃位，全都轉換為收租型櫃位。服飾櫃位的面積從四十四％減少至二十九％，相反地，有許多顧客想要的餐飲、服務類櫃位，面積則從十八％擴大至二十九％。

結果二〇〇九年至二〇一九年這十年之間，入店客數增加了三成，從一．七億升至二．一億人；交易客數也增加了兩倍，從〇．五億升至一億人。整間百貨公司變得相當熱鬧。

但是數位化的大浪正式來襲後，丸井百貨便認為「光是轉為購物中心模式還是不夠」。

從長遠的眼光來看，實體店面的營收肯定會下降，網路銷售的營收則會逐漸上升。

即便如此，實體店面仍有重要的作用。

比方說我雖然喜歡蘋果的商品，但是蘋果的新商品開賣後，我也不會馬上從網路訂購。我會先去蘋果直營店（Apple Store）實際接觸商品，喜歡的話再從網路購買。

就像這樣，許多人都會先在實體店面試用商品，再於網路購買。

現在的風氣為「便宜的東西直接從網路購入；買精品則要先在店面確認商品狀況」。

也有企業向丸井百貨要求「想要把實體店面當成展示間使用」。

過去業者對於實體店面的想法，都是「在競爭激烈的數位世界裡，要如何以實體店鋪勝出」。但是現在數位已是理所當然的選擇，數位與實體的主從關係已然翻轉。也就是必須以數位為前提去思考實體店面。

於是丸井百貨更進一步地追求改革，創造出「數位原生店鋪（DIGITAL NATIVE STORE）」這樣的概念。

丸井百貨的目標是進化成數位原生店鋪

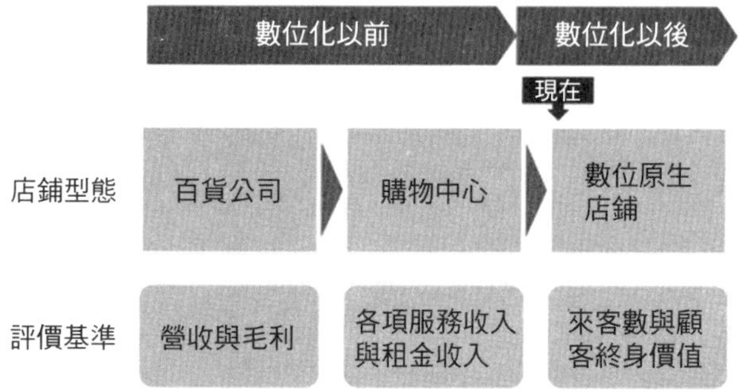

（由作者依據丸井的投資人關係資訊製成）

實體店面不賣商品。

丸井百貨以網路銷售為前提，開始專門提供商品體驗與顧客聚集的社群場所。

店鋪的評價基準也有所改變。丸井百貨不再追求百貨公司型的「營收、毛利」與購物中心型的「租金收入」，轉為追求「顧客終身價值」的最大化。丸井百貨讓來客數增加、提供高品質的顧客體驗，並使承租櫃位的企業，其交易比率、客單價與再購率能有所提升，藉此讓顧客未來能帶來的利益，也就是「顧客終身價值」得以最大化（顧客終身價值將於第十二節詳細說明）。

易言之，實體店面變成了提供附加價值的場所。

丸井百貨從二〇一四年開始改革，花費了

五年改變為「購物中心型」，現在則更進一步，在邁向「數位原生店鋪」的改革之路上積極努力。

如同GU與丸井百貨那般，實體店面的嶄新可能性正在擴展。

反過來以網路銷售的觀點來看，就能更加深入地瞭解這個意思。

亞馬遜（Amazon）在美國開設了實體店鋪「4-star（四星）」，店內備齊了自家公司網站裡評價四星以上的暢銷商品與主打商品。所有商品都採用數位標價牌，價格會配合網路售價即時更新，除了一般價格與Prime會員價格，還會顯示星數與評論。

亞馬遜還收購了大型零售商，並進行無人超商「Amazon-Go」的試營運。而且亞馬遜欲於日本強化流行服飾領域，以「AT TOKYO」計畫支援時裝設計師，還舉行了時裝秀。

電商龍頭亞馬遜之所以試營運實體店鋪，是因為亞馬遜碰到了「無法實際接觸商品」這項網路銷售的兩難困境。換言之，實體店鋪有自己獨有的價值。

蔦屋家電＋令人意外的「獲利機制」

從前日本各地的商店街裡，都有一家名為「國王陛下的創意」的店。

一九七〇年代，那時還是國中生的我，曾在橫濱車站鑽石地下街的「國王陛下的創意」店前貼著櫥窗，熱衷入神地看著一個個商品。

玻璃櫥窗後排放著滿滿會讓人好奇「這是什麼」的特色創意商品，商品旁則有POP廣告[3]。商品例如：

- 「懶人眼鏡」。裝設了稜鏡的眼鏡，能讓人躺著看電視。
- 「魔法杯」。能讓果汁變成冰沙。據說將這個厚杯子放入冷凍庫冰五小時，再倒入果汁，攪拌後就會變成冰沙。
- 「放屁坐墊」。藏在坐墊下面，有人坐下後就會發出「噗」的聲音。
- 那個年代的超小型收音機。能夠體會當間諜的感覺。

那些商品實際上都是一些買來用過一次就不會再用的東西。但是我當時卻看得很興奮，目不轉睛。另一方面，從製作商品者的角度來看，其實應該是希望顧客能一直使用下去。商品開發頗為不易。

可惜由於各式各樣的因素，「國王陛下的創意」的所有商店皆於二〇一七年時關閉。

二〇一九年四月，蔦屋家電在二子玉川開了「蔦屋家電+」。顧客可在該店實際接觸商品，也可現場購買部分商品。店內陳列的商品如下：

- 能讀取、顯示歌詞，且會配合曲調改變字體或呈現方式的音響。據說能帶來前所未有的音樂體驗。十六萬五千日圓。
- 外出時能用智慧型手機得知正在看家的愛貓在做什麼的貓項圈。據說是由養貓二十年的愛貓技術人士所開發。一萬四千八百日圓。
- 能熱壓吐司使之密封的烤吐司機。據說這種機器能把吐司烤得表面酥脆，內

3 宣傳賣點用的廣告標示。

面則像沒烤過一般地柔軟。兩萬七千日圓。

●廚餘減量乾燥機。將廚餘脫水乾燥，藉此消除臭味、達到垃圾減量，使果蠅不再出現。約兩萬日圓。

●全世界最小的藍芽耳機。重一・三公克。據說聽音樂以外的功能全被刪除。這也大約兩萬日圓。

店內既有讓人覺得「好想要」的商品，也有會讓人心想「雖然有趣，但真的實用嗎」的商品。換言之，這是「大人版的『國王陛下的創意』」。

其實蔦屋家電+是用於行銷調查的展示商店。

如果不實際推出商品，便無法得知新商品能不能賣得好。

現代人的需求細化程度相當地高。所以商品若不完全符合某種特定的消費者需求，就會賣不掉。可是完全賭錯的狀況也很常見。要是不實際推出商品看看，就無法得知這一點。這對製造商而言是極難選擇的兩難狀況。

蔦屋家電+則是為了解決這種製造商兩難而生的商店。

在蔦屋家電+展示產品的製造商，簽的是單區月付二十萬日圓的契約。由於店內共有三十區，所以蔦屋一個月就會有六百萬日圓的營收入帳。據說坪效（每坪面積上可以產出的營業額）也比一般電器行高。這裡的商品營收則全歸製造商所有。

蔦屋家電＋的店員完全不用背負業績壓力。他們的工作是接待親臨的顧客，並引導出顧客的煩惱與需求。店員會在對話時有技巧地問出顧客的需求，網路銷售則無法得知這些事。另外，店內設置了AI攝影機，以此得到的分析數據與來店顧客的行銷數據，都會分享給製造商。

對於想要判斷新商品賣不賣得出去的製造商來說，這些可是他們極度渴望的珍貴行銷數據。如此一來，製造商就能夠判斷未上市產品的市場性。

雖然有些隱私方面的疑慮，不過據說攝影機的影像資料，能夠抽取出特定條件的數據，例如可以只保存「女性，三十幾歲」、「商品A，停留時間十秒」這類的屬性資料。

實體店鋪2．0潮流

在美國，b8ta（beta）這樣的零售店正在急速成長。

b8ta的使命也有寫在網站上：

「為發現而設計的零售店」（Retail designed for discovery.）

這裡可以進行產品的銷售測試（beta測試）。店內陳列了無人機（空拍機）與電動滑板這類由新創企業所開發的尖端產品，來店的顧客可以體驗產品或訂購。b8ta也視賣商品為次要任務。其創立者認為「只有實體店鋪才能讓顧客實際接觸產品並體驗」，因而開始成立實體店鋪，並且建立回饋（feedback）機制，用攝影機蒐集數據，再提供給製造商。製造商可以只將商品放在該店幾天，攝影機會記錄顧客的反應，數據資料能夠即時取得。

現在已正式進入數位時代，實體店鋪的全新作用已鮮明可見。

從通路策略來看，實體店鋪的任務為何？

將商品提供給顧客的銷售管道稱作通路（channel）。

無論是實體店鋪或網路銷售，都是一種通路。

通路有三種任務。

數位時代下的實體店鋪任務已然改變

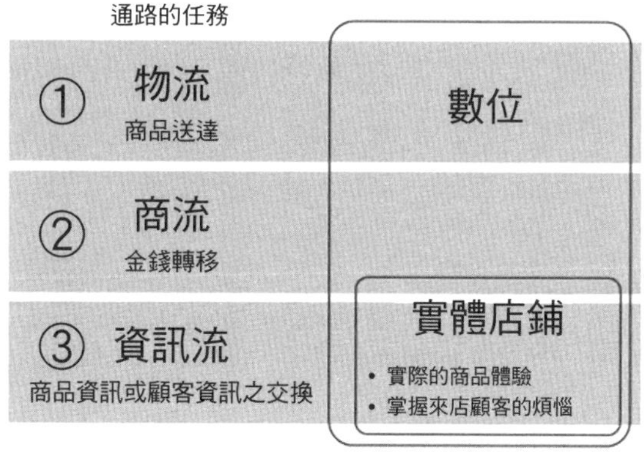

①物流（商品送達）
②商流（金錢轉移）
③資訊流（商品資訊或顧客資訊之交換）

在這之中，「物流」與「商流」為「賣」。這兩者大部分都可以採用網路銷售。但是在「資訊流」方面，網路銷售就不完美。

如同GU與丸井，只有實體店鋪能提供實際的商品體驗。

而且就像蔦屋家電＋那樣，若要推測出顧客無法好好用言語表達出來的需求，就得實際與顧客接觸。

正因為現在是網路時代，實體店鋪的「資訊流」任務才會不斷增加。

因此，我們必須避免讓商店的任務，只囿

限於「賣」這一項。

POINT

「不賣」能擴展實體店鋪的可能性。

第3節　「販賣」以外的獲利方式

收取入場費的書店大為流行

出版業界的景氣持續低迷。據說紙本出版品的銷售額，在二十年間減少了一半。

身為商業書作者的我也無法置身事外。

熟悉的書店也都陸續結束營業。

六本木的名店「青山圖書中心（Aoyama Book Center）」，也在二〇一八年六月時歇業。

現在除了書以外，還有非常多能讓人獲取資訊的手段。而且網路書店的便利性比實體書店更高，書籍種類也壓倒性地多過實體書店。對實體書店來說，這是一場艱困的戰鬥。

在如此情勢之中，二〇一八年的年底，有一家新書店「文喫」在歇業的青山圖書中心舊址開幕。我聽說顧客要進去店內時，竟然要付費，便趕緊前往。顧客在店門口支付一五〇〇日圓加上消費稅後，就會拿到一枚徽章，然後便能入店。

店內的構造本身，與從前的青山圖書中心並無太大的不同。不過氛圍卻完全不一樣，氣氛變得很好。

文喫給人的感覺，就像是時髦、空間寬敞又散發出悠閒感的咖啡廳。店內有沙發、桌椅，還準備了窗邊臥榻等座位，顧客各自以喜歡的姿勢輕鬆坐著看書。裡頭也有Wifi可用，所以也可以用電腦工作。

營業時間為早上九點至晚上十一點。書籍皆可自由暢讀，咖啡也可免費無限暢飲。這裡也可以用餐，內有大塊牛肉的西式牛肉燴飯也很美味。此處無時間限制，還可以一邊看書、一邊飲食，所以顧客可以愛待幾個小時，就待幾個小時。

店內有三萬本藏書，而且不只有新書，架上盡是書店店員精選出來的書籍。拿起一本書後，就能看到下面還有其他相關的書籍。文喫用這種方式讓顧客認識新書，創造命運般的邂逅。若有喜歡的書也可以買回家。

讀過的書不需要放回去，店內有幾台還書車，只要把書放在那裡即可。

文喫現在已經是大受歡迎的書店，假日還會有十名以上的顧客排隊等著入店。許多人都會在街上的咖啡廳看書或工作，但是待久了就會有一些不好意思。若是文喫便不用在意時間，可以從容地看書用餐，也可以在此工作。

在六本木時若是有空，我推薦各位務必要順道造訪文喫。

搞懂顧客是為了什麼而付錢

儘管如此，收益還是令人在意。多的時候，文喫一天會有大約兩百名顧客來店。停留時間平均為三至四小時。據說有四成的來店顧客會購買書籍，此數字為一般書店的四倍，而且客單價為三倍。

據說將入場費、飲食費、書籍銷售額全部加在一起後，就能達到收支平衡。

文喫由出版經銷的龍頭日本出版販賣（日販）公司集團所經營。我們平常少有機會接觸，其主要業務是扮演出版社與書店之間的橋樑，讓書順暢地流通。日販正在進行提升書店價值的挑戰，而文喫就是其中之一。

據說負責運用青山圖書中心舊址的日販員工，當初甚是煩惱。

因為那裡可是連名店青山圖書中心都會出現財務赤字的地方。就算開普通的書店，也無法期待獲利。

另一方面，正在閱讀這本書的你，去書店時是否曾經心想「自己會不會邂逅過去不知道的新書」，並下意識地感到雀躍呢？

「偶然邂逅不知道的知識」是實體書店才能帶來的體驗，若要提供這種體驗，就必須讓顧客能悠閒從容地看書，慢慢地享受閱讀時光。

於是其負責人經過思考後，想出了一個點子：提供「實體店鋪才能帶來的體驗」，並收費作為對價。準備了幾個月後，文喫便誕生了。

讓人能「偶然邂逅不知道的新知識」是書店獨有的價值，然而從前的書店一直免費提供這樣的價值。文喫則挑戰為那樣的價值定價。

淳久堂書店所傳達的書店價值

在我寫這本書的七年前發生了一件事情，讓我明白了書店的固有價值。

二〇一二年三月，淳久堂的新宿店結束營業。

淳久堂新宿店的店員自發性地挑選書籍，舉行了最後一場書展，展名為「我最推薦的就是這本！」。

每一本書都用心附上了ＰＯＰ廣告，上頭則有店員帶著熱情親自寫下的訊息。店內四處都張貼了特大的訊息海報。

「書店是媒體。」

「真的好喜歡書店！」

「我們總是單戀著書？人對讀物的欲望與快樂之現代考察。」

書店店員的熱烈感情也傳達給顧客，社群網站中的相關評論引發話題，使這件事快速地傳播開來。

社群媒體中出現了這樣的聲音：

「這書展太棒了，總覺得自己已經好久都沒有因書店而如此感動。」

「糟糕我好想去喔，想去淳久堂新宿店。」

「淳久堂新宿店似乎充滿了店員的愛與狂熱。」

「常聽見有人說淳久堂新宿店的店內很不得了，但那本來就是零售業該有的模樣吧。」

其最後一場書展的銷售額，比平常要多出二至三成。三月三十一日的最後營業日，店內擠滿了顧客，快要關店時收銀機前更是大排長龍。書架上幾乎沒剩幾本書。

據說眾多顧客離開店內時，淳久堂新宿店的店員還全體一起送客出門。

新宿店的店長如此說道：

「實體書店擁有無可取代的作用。實體書店可營造出『具有推薦、宣傳功能』的銷售環境，以及讓顧客在挑選時能實際看到書。這些都是只有實體書店才能做到的事情。」

淳久堂新宿店的最後一場書展，向我們提出了一個問題：「書店的價值，真的只有蒐羅書籍並販賣嗎？」

書店價值的本質在於「與過去不知道的知識偶然邂逅」。

網路銷售那種以過往購買紀錄為依據的推薦功能，絕對無法讓人與未曾接觸的知識偶然邂逅。所以當我們一去書店，對知識的好奇心就會被勾起，讓人莫名感到雀躍。然後，我們待在書本環繞的環境裡感到開懷適意時，就會想要久待。

文喫這種收取入場費的書店，正是以回歸實體書店的原點為目標。

為過去免費提供的服務訂價

完全不同的業界也有類似的案例。

一九八〇年代中期，我大學一畢業就進入日本ＩＢＭ（國際商業機器）工作。當時ＩＢＭ的主力產品，是以大企業為目標客戶的大型主機（mainframe）。ＩＢＭ的業務員會給予大企業建議，教導可以如何運用電腦進行管理改革，藉此賣出大型主機。這種管理改革的建議是免費的。ＩＢＭ的所獲對價為一台十幾億日圓的大型主機收入。

之後電腦的成本效益比（ＣＰ值）逐年提升，價格也大幅下降。如此一來，光靠主機本身的銷售額，無法回收建議方案的對價。

另一方面，企業開始廣泛運用ＩＴ（資訊技術）於各種業務後，運用ＩＴ的管理改革建議方案，對企業而言的價值便會大大提升。

於是日本ＩＢＭ為ＩＴ管理改革的建議方案訂下高價、開始收費，這就是管理顧問（Management Consulting）服務。現在此行業已頗受青睞，東大生的熱門就職排行榜裡就列了成排的顧問公司，例如野村總研（Nomura Research Institute）、波士頓顧問公司（Boston Consulting Group）、麥肯錫（McKinsey & Company）、埃森哲（Accenture）等等。

我們打從一開始就深信「推銷服務」本身「賺不到錢」。但是我們應該要質疑這個常識。推銷服務明明就有很高的價值，但企業卻因為有可以銷售的商品，就免費提供其價值，這樣的業界並非少數。

比方說，當出版業界的市場規模大幅縮小，或是電腦價格大幅降低這類業界發生重大變化的時候，就是重新審視價值的重要機會。

對於從前為了推銷而免費提供的服務，我們應該要先提高其價值，再為其訂價，如此一來，真正需要該價值的顧客就會聚集而來。

POINT

業界發生巨變之際，正是重新審視本質的好時機。為「免費」訂定價格吧！

第4節　供給量要比需求量少

這樣做會降低商品的價值

友美平常會製作可愛的手工飾品，再以網路銷售。

她所做的飾品非常受到顧客歡迎。

但是她的飾品絕對不會缺貨。

友美說：「我不希望讓『想要』的顧客難過，所以我評估『大概可以賣出多少量』，就會再多做出兩到三成的量。」

據說她為了不讓商品缺貨，甚至不惜熬夜，所以一定會有賣剩的商品。

於是友美會定期舉行「感謝大拍賣」，用半價販售商品。

可是她說最近變得無法賣到「預期銷售量」。

因為想要等到感謝大拍賣用半價購買的顧客變多了。

許多日本製造商都做了跟友美一樣的事情。

開始販售商品後，即便有些勉強也要增加產量，但卻造成供給過剩，賣不完商品。

然後自己再用清倉大拍賣把價值拉低，價格也隨之下降。

有一個詞彙叫作「機會損失（opportunity loss）」。也就是原本有機會賣出商品，但卻因為沒有商品而無法賣的狀態。

無論友美或眾多日本製造商，皆畏於機會損失而製作出過多的商品。

可是為此而拉低自家商品的價值，最後也會導致價格下降。

7-Eleven（以下簡稱7-11）也極度討厭機會損失。所以架上滿滿都是超商便當與御飯糰等商品。可是這樣就會出現過期食品，於是門市只好自己吸收費用，哭著報廢快過期的商品。

由於輿論批評「明明還能吃卻丟掉是不對的」，7-11 就開始販售快過期的食物並提供回饋點數。

也就是說，因為害怕機會損失而販賣過多的商品，會引發各式各樣的問題。

「販賣數要比需求數少一輛」

有一家公司則貫徹反向的作法，那就是法拉利（Ferrari）。

法拉利的思維是「販賣數要比需求數少一輛」。

接下來就一面爬梳法拉利的歷史，一面嘗試思考吧！

法拉利的性能屬於超級跑車，若是不看這一點，只從可靠性與品質面來看，日本車與德國車比法拉利更好。但是較貴的法拉利車款要價一億日圓以上，中古車也頗為昂貴。

法拉利是與眾不同的車。

其創辦人恩佐．法拉利（Enzo Ferrari）生前為賽車手。

他最關心的是「贏得比賽」。在市面上銷售汽車的目的則是籌集比賽資金。對客戶來說，購買法拉利這件事含有支持法拉利F1比賽活動的涵義。法拉利的原點就在於此。

恩佐也相當有商業才能。

他看穿客戶購買法拉利的理由，是為了向周遭的人炫耀其汽車來自屢屢在F1比賽中獲勝的法拉利，客戶未必追求汽車本身的精良程度。

於是法拉利不在其市售車上裝設隔音裝置與空調，也不講究完工的品質，為了壓低生產成本而把其市售車的開發與生產，都委託給一家從事汽車設計、生產的代工公司——賓尼法利納（Pininfarina）。代工製作出來的汽車會加上法拉利的商標進行販售，法拉利因這些獲利而得到賽車資金。

其後繼者盧卡・迪・蒙特澤莫羅（Luca Cordero di Montezemolo）就任後，法拉利便大有改變。盧卡的方針為「從世界各地蒐羅最棒的零件，以最高品質為目標」，在此方針下，其開發體制煥然一新，使其市售車的品質有所提升。

法拉利週年慶時推出的「Speciale」[4]限量車款，也是在這個時候系列化。無論一般客戶出多少錢，都無法買到「Speciale」。只有過去在法拉利消費過至少數億日圓的客戶，才擁有購買「Speciale」的權利。而且若客戶無法通過嚴苛的審查，法拉利就不會賣給他。二〇一三年問世的「LaFerrari」[5]則限量四九九輛，要價一・六億日圓。而且在發售之前便已銷售一空。

不過為什麼要「限量四九九輛」呢？

法拉利過去曾推出一款名為「法拉利F40」的汽車。雖然法拉利最初強調只生產四百輛，但由於非常受歡迎，最後還是生產了一千輛以上。結果二手市場裡充斥著F 40，特別感消失無蹤。

因此法拉利推出下一代的F 50時，便公告「限量生產三四九輛」，並且只賣給不會馬上轉賣的優良客戶，當時馬上就售罄。然後法拉利以三四九輛為限，就此停產。

法拉利讓客戶說「可以賣我嗎？」的創造價值術

據說其創辦人恩佐，平常就會把「製作數要比需求數少一輛」掛在嘴邊。

恩佐會根據準確的老客戶名單，判斷能夠賣出幾台市售車，並在設定生產輛數時，讓輛數比預測數量少一輛，然後才決定售價。

這個方法有很大的好處。因為不需要吸引不特定多數人的興趣，所以就不需要宣傳促銷。我們平常看到的法拉利廣告不是法拉利買的，而是代理商自費推出。

當初F 40朝大宗商品化（commoditization）的方向走去，法拉利從中學到了教

4　特別之意。
5　即The Ferrari，具頂尖之意。

訓，便重拾創辦人恩佐的思想，縮減Ｆ50的生產台數。

即便「Speciale」這個限量販售的車款要價上億，據說還是有客戶特地打電話給代理商，懇求「可以賣給我嗎」。推銷這種事，法拉利是不會做的。這也是策略考量的結果，就像法拉利會先選重要的客戶，並讓客戶覺得自己很特別。

「刻意挑選客戶」，讓法拉利能以高價賣出。

法拉利中古車的新車款換購也能拿到好價錢。

二〇一四年，一九六二年出廠的法拉利 250 GTO 以三十九億日圓成交。

法拉利連中古車都能賣到高價的原因在於某個機制，那就是由其公司中古車部門負責運作的「保值經典車型認證制度」。

只要委託其公司進行法拉利中古車審查，專任此職的工作人員就會仔細地檢驗一個個零件，達到標準的中古車就會獲認證為「真貨」。如果中古車曾改裝或車況不佳，原廠就會將其恢復原狀。所以法拉利的中古車不會貶值。

結果法拉利的品牌價值（brand value）便水漲船高。

因而高漲的法拉利品牌價值，對其事業也有很大的貢獻。

二〇一八年的總營收為三四・二億歐元（四一七〇億日圓）。其中品牌的相關

法拉利的銷售輛數不受景氣影響

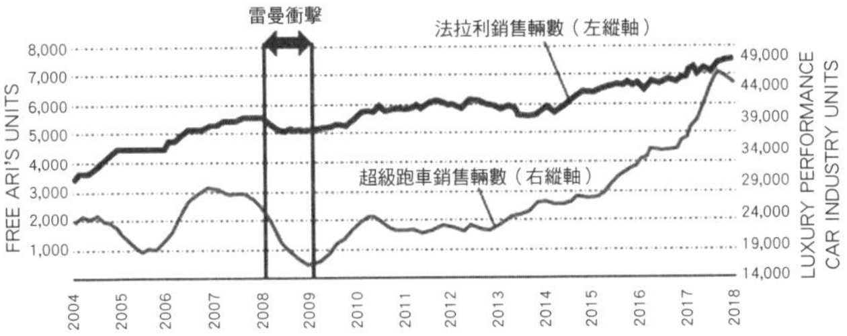

（依據法拉利的投資人關係資訊製成）

營收為五・〇六億歐元（六一七億日圓），這些是法拉利「躍馬」商標的品牌授權費，占總營收的十五%。由於無須成本，所以全部都是利潤。

而且法拉利不受景氣左右。上圖為二〇〇四至二〇一八年，超級跑車整體與法拉利的銷售輛數變化。在二〇〇八至二〇〇九年的雷曼衝擊時期，超級跑車市場的銷售輛數下降，但是法拉利受到的影響相當小。這也是法拉利挑選客戶所帶來的結果。

有多少客戶想要，就要少做一台。用賽局理論思考，就能明白法拉利這樣做的理由。

接下來請針對以下的賽局思考看看。

【賽局一】

規則①　一名參與者為老師，另外四人為學

生。老師擁有四張♠卡，四名學生各有一張♥卡。

規則② 如果能將♠與♥湊成一對，就可以得到一萬圓。

規則③ 老師與學生要協商一萬圓該如何分配，決定是否要配成對。

規則④ 但是學生之間不可相互勾結。

擁有所有♠卡的老師乍看是壓倒性的有利，但事實並非如此。因為就算老師提出交易「我拿九千圓，你拿一千圓，這樣分好不好」，學生也可以反對說「老師拿太多了。我也想要九千圓」。

就算老師與其他三名學生的談判成立，老師的手上還是會剩下一張♠卡。只要老師無法跟剩下的那位學生達成共識，老師就無法將這一張卡換成金錢。所以老師一定要跟該學生談判。一般而言，只要老師說「那我們平分一萬圓，一人拿五千圓吧」，這樣就能達成共識。

開頭提到的友美與製作過多商品的日本製造商，就是老師持有超過五張卡片的狀況。換言之便是老師手頭上的卡片大量過剩。所以顧客才會殺價。

接下來，我要嘗試改變賽局一的一項規則。

【賽局二】

●只改變規則①。老師遺失了一張♠卡，只持有三張♠卡。

規則一更改，賽局情勢便完全改變。♠卡數量變少的老師竟然變有利了。

如果老師說「我拿九千圓，你拿一千圓如何？」學生除了接受，也別無其他選擇。要是其他三名學生都與老師達成協商，老師的♠卡就會是零張。剩下的學生就會失去獲得金錢的機會。老師屬於強勢的那一方；學生變成只能任由老師喊價交易的弱勢方。法拉利塑造出來的就是這種狀況。

賽局理論所傳達的附加價值本質

這就是賽局理論的「附加價值」概念。所謂賽局理論的「附加價值」，就是「參加賽局的一名參與者，帶入賽局的價值總量」。

在賽局一「♠卡四張 vs.♥卡四張」的狀況裡，老師的附加價值總額為四萬圓。要是少了一名學生，就會少一萬圓，所以學生也各自擁有一萬圓的附加價值。

牌少的人反而較強勢的機制

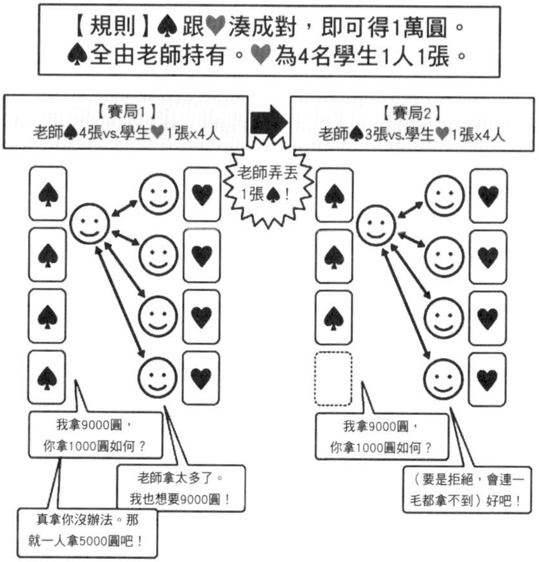
【規則】♠跟♥湊成對，即可得1萬圓。
♠全由老師持有。♥為4名學生1人1張。
【賽局1】
老師♠4張vs.學生♥1張x4人
【賽局2】
老師♠3張vs.學生♥1張x4人
老師弄丟1張♠！
我拿9000圓，你拿1000圓如何？
老師拿太多了。我也想要9000圓！
真拿你沒辦法。那就一人拿5000圓吧！
我拿9000圓，你拿1000圓如何？
（要是拒絕，會連一毛都拿不到）好吧！

四名學生的附加價值合計為四萬圓。老師與學生的附加價值總額為八萬圓。

如果雙方談判後能平分，各得五千圓，那就是得到各自擁有的一半附加價值。所以老師合計會得到兩萬圓，學生則各得五千圓。

在賽局二的「♠卡三張vs.♥卡四張」的狀況裡，老師的附加價值總額為三萬圓。

但是學生的附加價值卻變成了零圓。因為對於賽局成立來說，任何一個學生都不是必要的存在。所以附加價值的總額為三萬圓。老師可以提出對自己非常有利的談判要求。

若談判的結果是老師分得九千圓，學生分得一千圓，那麼老師就合計為兩萬七千圓，三名學生則各得一千圓，剩下的一名學生獲得零圓。

刻意讓「商品數比需求數少一輛」的法拉利，就是在打造跟賽局二老師一樣的狀況。

法拉利讓商品數比需求數少一輛的理由，也能夠以心理學說明。

人類傾向於認為「具稀少性（scarcity）的東西是好東西」。因為追求自由是人類的本能。得到某種東西的機會減少，就會讓人失去「得到」的自由。人類對此感到厭惡。總而言之就是「人類討厭無法自己做決定」。所以一旦得知「自己想要的東西具有稀少性」，就會變得非常想要。這叫作「心理抗拒（Psychological Reactance）」。

用相同的想法去維持高價的案例相當地多。

我們相信「鑽石昂貴是因為具有稀少性」。

但是，實際上鑽石的採掘量一直持續增加。由於壟斷鑽石供給的戴比爾斯（De

Beers）刻意減少流通量，才讓鑽石的稀少性得以維持。

法拉利與戴比爾斯採用人為的方式，創造出「極為稀少」的價值。販賣數若是超過需求數，就可以說是自己捨棄稀少性。雖然創造稀少性會導致機會損失，但是卻能提升價值。

不過這種作法有一個條件，那就是「商品得是顧客無論如何都想要買到的東西」。

如果顧客認為「別的商品也可以」，那就算少賣一個，顧客也只會去購買其他商品。

所以首先要做的是打造出「顧客無論如何都想要」的商品。

其次才是思考該不該少賣一個。

POINT

只要刻意讓商品提供量比需求量還少，就能提升價值。

第2章

不能這樣賣

第5節　不要賣給奧客

該賣給這種客人嗎？

擁擠吵鬧的居酒屋裡傳出了怒吼的聲音。

「喂！我可是客人耶！」

聲音的主人似乎是某間公司的部長。旁邊貌似屬下的人則畏畏縮縮。

似乎是店員在擁擠的店內忙著送餐時，腳撞到了他的背。

「已經撞到第二次了。你以為你是靠誰才有飯可吃？」

雖然店長衝過來鞠躬道歉，但是部長未能消氣，開始向店長說教。

「客人就是神吧？你們這家店是怎麼教育員工的？」

店長不斷地低頭賠罪。

這位部長大有誤會。

客人「不是神」，店家與公司都可以選擇客人。

與其說這位部長是神，不如說是「瘟神」、「恐龍顧客」。

利用「淘汰奧客」急速成長的名牌包出租店Laxus

成長快速的「Laxus」提供的是名牌包的月租服務，顧客月付六八〇〇日圓就可盡情使用價值達三十萬日圓以上的皮包，可選品牌有五十七種。

對女性來說，Laxus 的服務機制擁有惡魔一般的魅力。我跟妻子一起瀏覽 Laxus 網站的時候，平常冷靜沉著的妻子竟然說「咦，這個包包也可以用嗎」、「咦，月付六千八百日圓連這個包包也有」，她著魔似地點入一個又一個的包包圖示。

讓 Laxus 獲得成功的一個契機，就是他們打出的方針：「一舉趕走奧客與麻煩客人」。

Laxus 最初的月租費用為二萬九千八百日圓。有些客人還回來的包包被弄髒，還有些客人會一直客訴，Laxus 為了應付那的顧客而花費了龐大的成本。

不過沒水準的客人，實際上只佔了整體的一％。剩下的九十九％客人，就因為那一％的客人而吃虧。這對遵守規定的客人而言並不公平。

於是 Laxus 決定採取「一舉趕走奧客與麻煩客人」的方針，並斷然將價格大幅降至六千八百日圓。Laxus 竟然降價至四分之一的程度。想要使用各式名牌包的女性會覺得這價格很合理，認為：「二萬九千八百日圓我無法接受，但如果是六千八百日圓的話……」。多虧了這種刻意挑選客人的作法，讓優質顧客能夠獲得好處，使用者也急速增加。

除了 Laxus 以外，還有不少服務都會刻意挑選顧客。

平時為了把紙本書轉成電子檔，我會運用 BOOKSCAN 公司的圖書掃描服務。把書櫃裡的紙本書送到服務中心後，工作人員就會用掃描機讀取頁面，將之轉換為ＰＤＦ檔案。為了避免觸犯著作權與版權，已轉為ＰＤＦ的紙本書會廢棄處理。這樣就能用自己的電腦或平板電腦閱讀藏書，相當地便利。我很喜歡這項服務。

但是顧客之中似乎也有麻煩的客人，就像開頭居酒屋的那位客人一樣。例如沒有仔細閱讀注意事項，將書送到服務中心後，又說「還是不要掃描好了。這是我很重要的書，所以希望能還給我」。或是吹毛求疵，說掃描後的文字品質不佳而要求「還書」。面對這種顧客時的處理與回應，全都要耗費成本與人手。

於是 BOOKSCAN 的網站上放了一篇「預防糾紛的注意事項」，文章如下。雖然有點長，但是裡面寫了重要的事情，所以我摘錄了重點給各位看。

「雖然各方意見紛紜，但是敝公司判斷要以員工至上主義為基礎，再加上顧客的配合與理解，才能用最大的努力以及數百日圓這樣的低價提供各種服務。客服人員與顧客溝通時，如果顧客有以下的行為，敝公司可能會單方面結束交易：未閱讀注意事項；不滿意 BOOKSCAN 的服務品質而有所要求，但 BOOKSCAN 今後無法配合改變；謾罵、恫嚇服務中心的員工；在碰到失誤時堅持要求謝罪或者要求金錢與追加服務。以上如造成不便，敬請諒解。」

「高姿態」咖哩餐廳大排長龍的秘密

也有店家以「高姿態」挑選客人，反而擄獲了客人的心。那就是東京荻窪的咖哩專賣店「吉田咖哩」。

通往該店的樓梯相當簡陋，讓人懷疑上面是否真的有店家存在，爬上去後會看到一張手寫的紙：「我真的毫無幹勁，可以的話請去其他店吧！」

而且店內還貼了這樣的紙：「本店會挑客人，東西不賣給不喜歡的人。婉拒孩童。」

店內寫有「吉田咖哩四鐵則」：

①請不要任意入座（尤其是非吧台的座位）

②請由此點餐

③非吧台座位只會在有空時帶位，且為自助式

④坐吧台座位時，請勿兩人靠著坐

這是為了盡量快速、便宜地提供餐點。敬請配合。

若不遵守，本店將處以放置 PLAY 之刑。

即使如此還是有許多客人排隊，大家的目的是該店的絕品咖哩。店內的客人都一言不發地享用。

這咖哩裡有十種以上的蔬菜與水果融入其中。

其多層次的滋味會讓人上癮，相當美味。聽說也有一週造訪八次的客人。

店長自己一個人管店。

為了讓店順利運作，就必須要求客人遵守規定。

店長每週三天的公休日，幾乎都分給了進貨工作，像是採購大量蔬菜，以及一公斤要價一萬日圓的北海道產干貝等食材，店長為求美味而不惜成本。而且他還堅守健康路線，其咖哩的鹽分含量是咖哩即食調理包的一半，脂肪偏少，且完全沒有添加物或防腐劑。店長進行了許多這類的努力，並削減不必要的接待成本，最後就能用合理的價格提供絕品咖哩，擄獲了客人的心。

這種「高姿態」的服務方式，其實是為了貫徹顧客至上主義。

無論是 Laxus、BOOKSCAN 或吉田咖哩，都是藉由刻意挑選顧客讓成本下降，再用划算的價格賣給客人，提供高品質的服務。

前面介紹了挑選客人、降低價格的案例，不過也有相反的事例。

京都的高級料亭會拒絕生客，這一點很有名。無人引薦就無法入店，而且為了以防萬一，客人首次造訪的餐費要由介紹人支付。這也是透過挑選確定來歷的客人，來守護高級料亭的地位。

我們平常會挑選往來的對象。顧客也一樣該經過挑選。

相反的，如果不挑顧客，那就只會消耗自身。

向可口可樂、百事可樂學習「BATNA」談判術

IT企業的業務員太田先生積極地向大企業A公司推銷。

可是A公司是對手B公司的大客戶，太田不斷遭到冷冰冰的拒絕。

有一天，太田收到了A公司承辦人寄來的電子郵件。

「請提出新系統的提案書，期限是一週後。我也同時委託了B公司。」

企畫提案通常要花一個月準備，但是這個委託，可是來自之前一直拒絕自己的A公司。而且對手還是宿敵的B公司。

「終於要跟B公司對決了！我要奪走合約！」

太田請求公司內的相關人士幫忙，自己也熬夜把提案書做完，還大幅降價。

一週後，太田好不容易在提出期限前，把提案書交給了A公司的承辦人。

但是在那之後，對方連絡表示「很遺憾，您的提案書未獲採用」。其實A公司的承辦人，打從一開始就打算外包給已有實際成績的B公司。然而B公司一直不肯降價。如果只委託B公司提案，就無法促使其降價。

於是A公司先跟太田說要與B公司競爭，誘使太田提出便宜的報價。接著再讓

B公司看到太田的報價，就順利地讓B公司降價了。

換言之，太田是用來誘導B公司減價的幌子。

但是也有人會這樣說：「得標的可能性並不是零呀！當幌子也沒關係，太田做了正確的挑戰。」

確實，即便是這種狀況，有時業務員也可能因各種因素而不得不去挑戰。

話雖如此，事實是業務推銷要耗費人力、物資與金錢，就像太田花了一個星期，把相關人士都拉進來，熬夜進行挑戰。如果要花這麼多工夫，得標可能性卻微乎其微，那就應該要拒絕。

還不如利用那段時間去開發新客戶，或是慢慢歇息以養精蓄銳，之後好去準備其他商業洽談，這比那種作法要好太多了。

另外還有這樣的案例。

可口可樂與百事可樂，使用的是比砂糖甜上兩百倍的甜味劑「阿斯巴甜（Aspartame）」。

從前阿斯巴甜由美國孟山都（Monsanto）公司以專利壟斷。荷蘭的ＨＳＣ（荷蘭甜味劑公司，Holland Sweetener Company）看準專利到期的時間點，開始生產並販賣阿斯巴甜。可口可樂與百事可樂，都表示歡迎ＨＳＣ加入這塊市場。

但是這兩間公司都不向ＨＳＣ購買，而是持續向已有實際成績的孟山都購買阿斯巴甜。

不向ＨＳＣ購買的原因，只要回想前述的幌子案例就能明白。過去一直壟斷市場的孟山都立場強勢，所以會開出高價。ＨＳＣ加入市場之後，可口可樂與百事可樂，都為了讓孟山都降價而歡迎ＨＳＣ的加入。ＨＳＣ自己讓自己當了幌子。

太田與ＨＳＣ的共通點是販賣時沒有「拒絕的選項」。許多人都認為「萬萬不可拒絕重要客戶的委託」。但是完全不考慮「拒絕」這個選項，腦袋裡只想著「賣」，導致消耗自身或用掉手裡的牌，那可是什麼都無法賣出。即便成功賣出，那也只是得到了會帶來麻煩又耗費心力與成本的客戶。重要的是要「先經過挑選，不喜歡的話就拒絕」。

我們應該要有「BATNA」。這是Best alternative to a negotiated agreement的縮寫，也就是「談判不成立時的最佳備案」。

推銷行為就是談判本身。然後在談判時，擁有強大BATNA的那一方會獲勝。

其實「拒絕」這個選項就是最強的武器。

太田在面對A公司的提案委託時，全然沒有思考過「拒絕」這個選項。

倘若拒絕了，就不會浪費人力、物資與金錢。或者還有一個方法，那就是向A公司要求製作提案書的等價費用。因為那是急件，而且製作提案書也需要成本。

當初HSC如果能放眼市場整體，當時的狀況就會完全迥異。

例如在發售之前，應該要事先與可口可樂談判：「敝公司打算要販售阿斯巴甜，希望貴公司能約定購買一定的量。不買的話，日後敝公司產品將不賣給貴公司」。如果HSC不肯賣阿斯巴甜，可口可樂就必須繼續使用孟山都的高價阿斯巴甜。由於可口可樂不會希望如此，那麼其接受HSC請求的可能性便很高。

如此一來，HSC在最初的階段，理應就能確保自己有可以銷售的客戶。

而且HSC要是告訴可口可樂：「如果貴公司拒絕，那敝公司就只能賣給百事可樂了……」如此應能掌握談判時的主導權，讓談判朝往對自己更有利的方向。因為要是對手百事可樂的成本能夠下降，可口可樂就會站在不利的立場上。

可是ＨＳＣ開始販售阿斯巴甜後，卻向可口可樂與百事可樂推銷。ＨＳＣ自己把「拒絕」這個最強的武器丟掉且毫無作為。

進行商業交易時，雙方的關係本來就是彼此平等。客戶並非高高在上，銷售方也沒有接受不合理要求的義務。之所以無法建立對等的關係，是因為銷售方沒有提供充分的價值給客戶。

販售是決定公司相互關係的重要時機。

因此公司需要的是擁有「挑選客戶→不喜歡就拒絕」這樣的選項。

Laxus、BOOKSCAN與吉田咖哩的業種完全迥異。但是其共通點就是擁有「挑選客戶→不喜歡就拒絕」這樣的選項。

五步驟分辨出應避開的奧客

那麼，我們該怎麼做？

就如平常挑選往來對象那樣，我們要做的是決定好「對自己而言，什麼樣的顧

決定「理想顧客形象」的步驟

步驟	具體作法
①列出最佳顧客的名單	回想過往事例並寫出
②列出最糟顧客的名單	回想過往事例並寫出
③瞭解最佳顧客的特點	檢視①的最佳顧客名單，寫出共通特點與獨有特點
④瞭解最糟顧客的特點	檢視②的最糟顧客名單，寫出共通特點與獨有特點
⑤決定理想顧客的輪廓	檢視③與④後寫出

↓

理想顧客形象

〔由作者參考《策略性銷售》（R.B.米勒與他人合著，日本鑽石社出版）製成〕

客才是理想顧客」。R. B.米勒（Robert B.Miller）與他人合著的名著《策略性銷售（Strategic Selling）》中就寫有其方法。我來為各位介紹概要。

首先要盤點所有顧客，寫出「最佳顧客」與「最糟顧客」清單。

仔細檢視清單後，要找出共通的主要因素，弄清「最佳顧客的特點」與「最糟顧客的特點」為何。然後檢視這兩者，決定出「理想顧客的輪廓（profile）」。

這就是「理想顧客形象」。

用具體案例思考就會很好懂。接下來我要介紹自己公司的事例。

我的公司除了諮詢與新事業開發支援

之外，還向企業提供演講、進修課程的服務。

令人感激的是我的客戶大多都很棒，但是其中也有一些客戶並非如此。

於是我清點了過往至今的所有客戶，最後整理出了三個特點如下，並將之定義為本公司的「理想顧客輪廓」。

①會明確並具體地提出事業問題、追求的成果、參與者、日期

②將我的公司視為關係平等的夥伴

③能與其最高經營者建立關係

我來解說原因。首先我重新研究客戶後，發現本公司與問題明確且具體的客戶，能夠確實地建立良好的關係。彼此能夠站在對等的立場上討論，以及與最高經營者建立關係，也都是非常重要的事情。反之，有些客戶雖然金錢面的條件良好，但是問題或追求的成果卻不明確，或是會把本公司當作外包業者。與那樣的客戶合作時，即便我們費時費力，多半也無法做出好成果。因此，為了掌握客戶是否符合這些要點，本公司在接到委託時就會確認以下幾點。

①為什麼要委託本公司去演講或培訓？

②參與者輪廓與抱有的問題為何？

③演講或培訓的期待成果為何？

確認之後，我們會告知「本公司將審視這三點，如果我們判斷能對貴公司有所助益，就會接受您的委託」。要不要去演講或培訓，要由本公司判斷，我們也可能會推辭。

時間並非無限。我們想要運用有限的時間，為有所煩惱且真的需要本公司的客戶提供價值。但是委託者之中也有予以支援後，仍然不會有成果的客戶。既然如此，那我們把時間拿去為那些真正需要本公司的客戶服務，對社會才比較有益。

顧客不是神。與其說顧客是神，不如說是「自己認為重要的人」。我們應該要思考自己認為重要的人是誰，並且加以挑選。

POINT

看清誰才是理想顧客，並鼓起勇氣拒絕其他顧客

第6節　明明賣的東西跟別家一樣，卻能讓顧客說「我想跟你買」

保險業界中業績超好的公司做了些什麼？

「也許我不適合當保險業務員……」

飯田相當煩惱。

「之前有客戶向我諮詢，因為對方存款充裕，我就說『投保人壽保險是為了支援留在世上的家人。存款夠的話不用買保險，儲蓄比較好喔！』」

飯田沮喪地繼續說道：「後來前輩跟我說『你不夠積極啦！我有自信一定能讓見過的客戶都投保。只要花時間說服對方，什麼商品都賣得出去』。」

聽完之後，我如此回答：「從長遠來看，會成為成功業務員的人是你，而不是你的前輩。」

或許各位會認為「怎麼可以說出這種不負責任的空話」。

但是我說的並不是空話。

無論是哪一家保險代理人公司，都是販賣一樣的保險商品。而且保險的客戶平常幾乎不會思考保險的事情。

在這樣的保險代理業界裡，有一間保險代理人公司擁有出色的業績，那就是「保險集市 Apse（Insurance Plaza Apse，以下簡稱 Apse）」。Apse 是三十七年前於千葉縣創立的代理人公司，員工有七十名。千葉縣包含銀行在內的金融機構有二三九間。在這些機構之中，Apse 是財務穩定性排行第四的優良企業。

我向 Apse 的田切裕二社長詢問原因為何，他則在對話開頭說：「我們做的都是一些理所當然的事情，沒有什麼特別的。」

田切先生完全不會跟客戶提保險的事。如果碰到運輸業的經營者，他會這樣跟對方聊天：

「說到運輸業的勞務管理，就是勞動時間管理嘛。」

「對、對。這很傷腦筋啊……」

許多運輸公司都會把勞務管理的優先順序排在後面。一般的勞務管理，往往都是「用打卡來進行勞動時間管理」。可是駕駛員的工作是把貨物從A地運至B地，勞動時間無法以勞務管理控管，所以讓運輸公司的經營者很煩惱。

不過田切先生並沒有解決方案。

他會把社會保險[1]勞務士找過來，跟經營者一起開研討會，用這種方式替代解決方案，處理對方的煩惱。

該公司還有會計、法律等各式各樣的問題，於是田切先生也找了司法書士[2]、會計師、律師等人來進行研討會。之後該經營者的公司煩惱便獲得解決，脫險得救。

其實那些某某師、某某士等專家也因而獲益。因為這些行業無法毛遂自薦。

田切先生是在協助客戶打造其公司內規。

然後這種種業務都會與保險有所關聯。之後就會展開這樣的對話：

「田切先生，本公司有投保這樣的保險，可是……」

「如果是這種狀況，這種保險商品很好喔。」

田切先生已經很熟悉該公司的問題與經營狀況，同時也有保險商品的知識。

他也知道什麼樣的保險最適合該公司。但是他在這個階段還是不會賣保險。

「您要讓之前負責幫貴公司投保的保險代理人公司幫您變更保單喔！」

這時大部分的經營者都會這麼問：

「田切先生的公司不是也有賣這種保險嗎？」

「對，有賣喔。」

每一間保險代理人公司賣的商品都一樣，所以田切先生也是販賣同樣的商品。

「要再確認契約很麻煩，所以……我想改成跟貴公司買保險。」

因為每間公司都是賣一樣的保險商品，所以瞭解自己的問題、能選擇出最適合的商品又能予以建議的公司比較好。這樣想來，田切先生做的確實是「理所當然的事情」。正因為保險代理人公司都是販賣一樣的商品，所以才要以理解客戶問題為起點。

---

1 社會保險勞務士是日本的勞動暨社會保險專家。須通過國家考試才可擔任，能為勞工提供相關領域的代書、代理、諮詢等服務。

2 類似我國代書。

正因是類似商品，更能做出差異化

有許多商業人士會說「其他公司也在賣類似的商品，所以要做出差異化是不可能的」。但是這世界上也有一些公司，即使跟其他公司賣一樣的商品還是能大賣特賣。因為他們賣的不只是商品。

從前我出差到某個縣的時候，認識了一家教材銷售業的公司，該公司也與前述狀況完全相同。

教材銷售業的客戶是小學。那些公司販賣的教材都一模一樣，商品無法做出差異化。但是，聽說這間公司跟同行業的其他公司都販賣黏土手工藝教材，縣內的市佔率卻有九〇％，幾乎壟斷了縣內市場。其秘密就是該公司會附上黏土課程的教學指南。

學校的老師事多繁忙，需要進行課外活動指導、應對家長諮詢，另外還要備課，時常需要加班。校長總是在煩惱「有沒有辦法減少加班」。

要是有黏土手工藝課程的教學指南，就能大大減輕備課負擔。

於是老師會說：「不用做事前準備嗎？那就跟貴公司買吧！」

靠「與客人閒聊」獲得五〇％毛利率的佐藤相機

我再介紹一個案例吧！那就是在栃木縣發展連鎖事業的相機販賣店「佐藤相機」。

栃木縣是日本相機的激戰區，不過佐藤相機的相機銷售市佔率，連續十七年都是第一名。在縣內的數位單眼相機銷售市佔率之中，佐藤相機就佔了四〇％以上，無疑是遙遙領先的第一名。業界平均毛利率為二五％，佐藤相機則是五〇％，為壓倒性的高獲利。

但是其銷售方式卻與效率背道而馳。副社長佐藤勝人先生表示「不用追求效率，要聊到客人滿意」，並讓門市店員貫徹此作法。

要是客人不懂要怎麼列印，就算要花上一小時，店員也會仔細詳盡地說明。店員老是在跟客人閒聊。聽說最長紀錄竟然長達五個小時。

在數位時代裡，為什麼佐藤相機要用超老派的接待方式，而且還能高獲利？

佐藤相機的目標客群是會順道到店裡閒逛的攝影新手。

店員不會放過客人剛踏入門的時機，對於那些「想要欣賞照片」的客人，店員會傾聽他們的話並予以協助。所以店員都練就了一身鑑賞照片的能力。

佐藤相機一半以上的盈利都來自相片印表機。

店員會跟客人一起看照片，並協助客人列印相片。

佐藤先生深入思忖「人為什麼要買相機？」思考後的結論是「其實大家買的不是相機，大家想要的是讓回憶能一輩子留存」。於是他在二〇〇三年時下達指令：「讓當地民眾的回憶，都能美麗地留存一輩子吧！」並提出方針「順從於這句指令與顧客，而不是社長命令。」

無論是Apse、教材銷售公司或佐藤相機，都是跟對手賣一樣的商品。但他們卻能創造高獲利。其秘密就在於他們都徹底瞭解顧客的問題所在。

不少業務員都認為「因為跟其他公司賣同樣的商品，所以要強力推銷」，但這可是大錯特錯。對於跟其他公司一樣的商品，不可以硬賣。

雖然他們跟其他公司都是販售相同的商品，但是他們會先澈底並深入地思考目

「與其他公司販賣一樣的商品時」

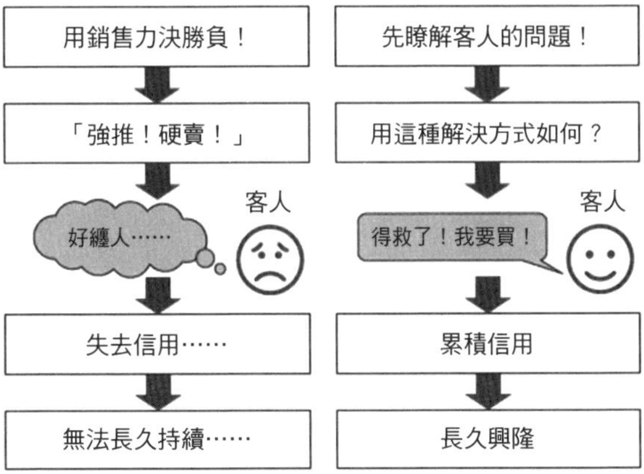

標顧客的煩惱，這讓他們販售的商品擁有強大的商品力。

如此想來各位應該就能明白，為什麼我在開頭時說從長遠來看，會成為成功業務員的人不是會硬賣的前輩，而是乍看不機靈的飯田。

飯田會徹底瞭解客戶的煩惱，而這正是所有買賣的出發點。至於賣得好不好，也不過是其結果。即便當下沒有賣出去，只要持續努力就能確實地累積信用，然後就能逐漸暢銷。

那位前輩所做的不過是強行推銷罷了。

的確，那種作法或許能讓人當場賣出商品，但是顧客不會產生信任感，也無法長久持續下去。

也就是說，我們不能單純地認為「因為是同樣的商品，所以要靠銷售力。迅速而有效率地提升目前的銷售額吧」。

商業不是一百公尺賽跑那種短距離的比賽。

而是像馬拉松那樣要花很多時間的長距離比賽。

所以我們不該丟棄「瞭解顧客煩惱」的這一個步驟，只想著要有效率地追求目前的銷售額，重要的是要花時間去仔細瞭解顧客的煩惱並解決，藉此累積信賴。

POINT

只要持續解決顧客的煩惱，就算是同樣的商品也能暢銷。

第7節　不要賣給經營順利的公司

優秀業務員該知道的「四種類型」

山下先生感到沮喪。

「我覺得『很棒』的女生都有男朋友了。」

跟男友交往得很順利的女性，常常會散發出幸福的氛圍。

山下先生似乎容易受那樣的女性吸引。

雖然也有人思想老派，認為「別管那麼多，瘋狂進攻追求就對了，把她搶過來」，但是實際上那位女性可能會覺得自己遭受騷擾，並跟男友討論：「有一個煩人的男人糾纏我，好可怕……」這樣的女性很難追到手。

如果要追求，應該要以沒有男友的女性為目標。

「如何才能分辨出對方有沒有男友」也是個困難的問題，不過那是我不擅長的領域，也不是本書的主題，在此就先不討論。

若論為什麼我要提起這個話題，這是因為商業領域也有同樣的狀況。這世上的業務員，大多都是以公司等法人為目標客群的法人業務員。

「如果是各方面全都很順利的公司，應該就會願意購買。」許多人都抱著這樣的想法，以經營順利的公司為推銷目標。

的確，如果是消費者的話，會有人認為「我有錢，所以就買吧」，然後便下手購買。

但是法人業務銷售，則是法人沒有全公司都能認同的合理理由，就不會購買。所謂全公司都能認同的合理理由，是指該商品或服務「能夠解決某項具體的問題」。

各方面全都順利的公司，多半不會有什麼嚴重的問題。所以即便業務員提案，對方也不會認真研討。這正好跟已經有男友的女性一樣，就算去追求，也只會被甩。

那該怎麼做才好？

山下先生該追求的是沒有男友的女性。

法人業務員也一樣。該追求的應該是擁有某種問題的公司。

關於這一點，業務員可以分辨客戶的反應是以下四種之中的哪一種，並以此思考。

● **「渴求成長型」**

此為公司擁有高目標，但是現狀追不上目標的狀態。

以戀愛來說，就是對方沒有伴侶，目前正在尋找與自己完全契合的對象；以公司來說，便是擁有落差（gap）的狀況。像是明明消費者訂單如潮，但公司的生產力小，生產速度跟不上，或者雖然採購洽詢大量湧入，但是能夠處理的業務員卻很少。這種時候若有法人業務員提案，表示能增強生產力或強化業務員的生產性，客戶就會認真研討，也大多能成交。

● **「懷有問題型」**

此為公司因為某種問題而無法達成目標的狀態。

以戀愛來說，就是對方跟伴侶因為一些因素而剛剛分手、非常沮喪的狀態。以公司來說，便是生產商品時，因為某種理由導致不良率偏高，無法生產出預定的數

能成交的是抱有問題的客戶

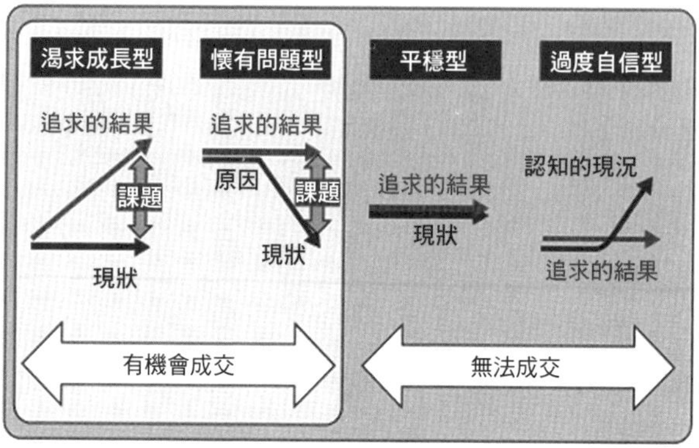

（由作者參考《策略性銷售〔R.B.米勒與其他著，鑽石社〕》製成）

量。這是嚴重的問題，所以只要法人業務員的提案，能夠查明產出不良品的原因，馬上讓不良品完全消失，那也大多會立刻獲得採用。

●「**平穩型**」

此為目標與現況一致的狀況。

與現在交往的伴侶完全契合的人，便是處於同樣的狀態。不覺得有問題，就會認為沒有任何改變的必要性。不管法人業務員的提案有多好，能成交的可能性都很小。

●「**過度自信型**」

這種狀態是公司認為現狀遠比原本預期的結果要更好。

比方說，就像是女生認為「現在的男友好到我根本配不上」這樣的狀況。由於現狀太過良好，所以所有提案都沒有機會獲得採用。

應該要找到抱有問題的客戶，而非推銷這四種之中，能成交的是「渴求成長型」與「懷有問題型」。業務員該推銷的對象是這些客戶。

「平穩型」與「過度自信型」則是縱使推銷也無法成交。所以不可以賣。只要告訴對方「若有需求歡迎洽詢」就好。

商業買賣本來就是在解決顧客的問題。所以法人業務員不該以各方面全都順利的法人客戶為目標，而是應該要找到擁有某種問題的法人客戶，並把商品或服務賣給對方。

POINT

能成交的是擁有問題的法人客戶。首先要做的是看出問題。

第8節　業績配額會帶來反效果

為何預約網站「一休」會認為「業績沒有達成也無所謂」？

我剛成為上班族的時候，大學時代的同學曾聯絡我：「我想拜託你幫個忙。我的業績沒能達標……」

聽說在公司擔任業務員的他，為了達到業績配額而相當辛苦。

隔天，我在咖啡廳聽他說明商品，並決定購買。有困難時就是要互相幫助。

朋友露出安心的表情，說道：「得救了。其實親戚那邊我已經大致賣過一輪了。」

可是據說下期仍有新的業績配額。我也只能祈禱他一切順利。

一般都認為業務員有業績配額是理所當然的事。

也有業務員會向客戶下跪叩頭，說「您不跟我簽約的話，我就沒辦法回公司」。

還有一些職場認為業績是讓「彼此切磋琢磨以獲得成長」，讓業務員進行業績競賽。

另外也有公司不把業績未達標的業務員當成人看。

其中也有未達成業績目標的人，在回到公司後遭上司痛罵。

「你就是不夠拚命！」

「別老是找藉口！」

「業績明明沒有達標，你還想準時回家？」

「你給我從十樓的窗戶跳下去向路人推銷。」

罵到這種程度，已經是職權騷擾了。

如果業績持續未能達標，也可能會面臨降職或解僱。

另一方面，倘若業績大幅超標，有些公司會給予無上限的獎金。

這是基於以下這種想法：「只要訂定高業績目標並提供高額獎金，讓業務員彼此競爭，業務員就會見錢眼開而拚命努力」。總而言之就是糖果與鞭子。

從前物資不足，只要把商品製作出來就賣得掉，所以這個方法有某種程度的效果。

但是這種想法已經完全跟不上時代了。只要站在被推銷的顧客立場上就能明白。只看得見業績跟獎金的人來拚命推銷，你會想要跟他買嗎？

飯店暨旅館預約網站「一休」的榊淳社長如此說道：

「沒有達到每個月的預期業績也沒關係。沒有做到預期業績是因為我們能力不足，而這種能力不足不可能在這個月內就改善。既然如此，那就放棄達成業績，下個月再加油吧。」

就算一休為了達成業績而不斷寄送電子報給使用者，公司也不會馬上變好。大量的郵件反而只會讓使用者覺得困擾。

然後顧客就會慢慢離開，相當諷刺。

一休則是貫徹「使用者至上」的精神。

「以達成業績為優先」的這種想法並不是「使用者至上」，是「公司至上」。

可是大多數的公司都會給業務員業績配額。這是因為用業績配額管理人或組織會很方便。此機制為上層決定業績目標後，再分配給各部門或業務員個人，並將營收的一部分斟酌分配給達成業績目標的員工。

讓員工失去動力的意外陷阱

可是業績配額容易讓人失去幹勁。

世上有「內在動機」與「外在動機」這樣的理論。

「因為自己想要而工作」的動機是「內在動機（intrinsic motivation）」。

像表演雜技的海狗那樣以獎勵為動機的就是「外在動機（extrinsic motivation）」。

「只要設下高業績目標並提供高額獎金，員工就會為了錢而拚命努力」，這跟「只要給飼料，海狗就會表演雜技」是一樣的想法。但是沒有飼料，海狗就不會想要表演雜技；同理，沒有業績目標跟獎金後，業務員就不會好好做事。

反之，以內在動機去工作的人，即便沒有業績目標跟獎金也會努力工作。

有一個實驗證明一個人如果有外在動機，內在動機就會減弱。

心理學家愛德華・迪西（Edward L. Deci）以學生為對象，做了一個解題遊戲的實驗。他將學生分為兩組，一組是只要學生完成解題遊戲，他就會給予獎金；另一組則完全沒有獎金。

兩組都完成了解題遊戲，但是問題在於之後的休息時間。在休息時，無報酬組也很有熱情地解題，獎勵組則停止解題。

也就是說，獎金這種外在動機讓內在動機變弱了。

迪西還另外做了「不解題就懲罰」、「與他人競爭」這兩個實驗。學生一樣順利地解了題，但卻失去了解題的樂趣。

訂定高難度的業績目標，讓業務員彼此角逐，無疑就是「懲罰」與「競爭」。

如同用懲罰威脅或讓學生彼此競爭以解開謎題，這樣的作法短期會有成效。

但是幹勁卻會消失無蹤。

設定業績等目標，讓業務員彼此競爭、推銷這樣的方法，已經來到了極限。

那麼該怎麼做才好？我們可以參考服務業界的作法。服務業界的成功企業，不會仰賴業績設定或員工之間的競爭。

他們會引出員工的內在動機，增加顧客滿意度，藉此獲得好業績。

採取「員工至上主義」的西南航空

西南航空（Southwest Airlines）在美國航空公司的顧客滿意度排行裡時常名列第一，而且還是高獲利企業。不過，西南航空採取的其實是「顧客次之主義」。說到西南航空以什麼為「至上」，那就是「員工」。其採取的是「員工至上主義」。

創辦人赫伯・凱勒赫（Herb Kelleher）說道：「公司要讓員工在職場能快樂地工作並熱愛公司，只要有這樣的公司文化，員工自然就能提供最棒的顧客服務。」

另外，星巴克咖啡的店員會滿臉笑容地提供服務，讓人感覺很好，各位是否也有過這樣的經驗呢？星巴克咖啡一直都致力於讓員工熱愛自己的工作。因為負責接待顧客的員工享受工作的程度至關緊要。

西南航空與星巴克咖啡，都是會直接現場接觸到顧客的服務業。在這個業界裡，有越來越多的企業認為「滿足顧客前要先滿足員工」，進而獲得出色業績。

只要瞭解「服務利潤鏈（Service-Profit Chain）」這種概念，就能明白服務業用滿足員工去滿足顧客的機制。

接著以西南航空為例來思考看看吧。

西南航空不會削減人事費用。薪資為業界最高水準，員工滿意度也很高。過去航空業界因九一一事件而普遍裁員時，西南航空也貫徹了不解雇員工的方針。

所以員工可以安心地工作。而且員工也持有自己公司的股份，因而擁有相當高的員工忠誠度。

結果即便西南航空已創立超過四十年以上，也沒有發生過任何墜機事故。顧客服務的判斷與行動，全權交由現場員工決定。為了能夠準時出發，連飛機駕駛員與空服員都會幫忙打掃或搬運行李等事情。

對公司擁有高度忠誠心的員工，會時常想要取悅乘客。他們也常常給乘客生日驚喜，盛大地替乘客慶祝。這種作法造就了相當高的顧客滿意度。員工與顧客之間的情誼連繫，讓顧客對西南航空產生了共鳴與喜愛之情。

西南航空就這樣在競爭激烈的航空業界裡經營，連續四十年以上都沒有虧損，獲利也分給了員工，構成良性循環。

畢竟公司無法隨心所欲地控制顧客，不過公司可以為員工打造出能幸福工作的環境。

讓員工幸福這件事，就是推進公司發展的原動力。讓員工可以幸福地工作，就能獲

員工滿意促使顧客滿意的機制

西南航空的服務利潤鏈

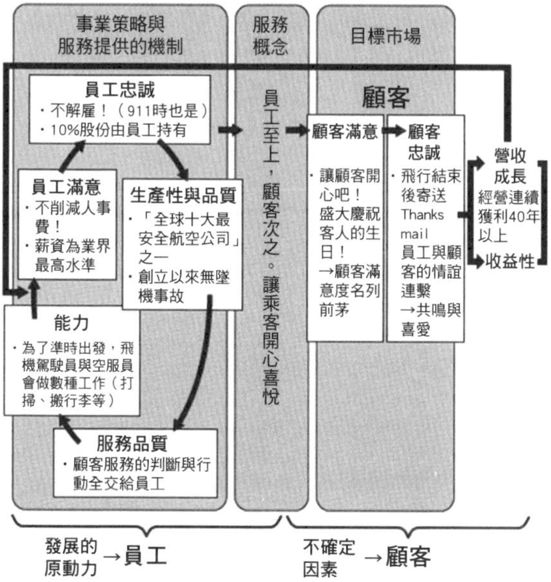

得高顧客滿意度與高獲利。

加之現代有許多業界都轉為「訂閱制」等服務類型，從產品生產轉變為提供服務（「訂閱制」會於第23節詳細介紹）。正因為如此，對於許多業界來說，創造出高員工滿意度以獲得高顧客滿足度的這種作法，已變得越來越重要。

說來業績究竟是為了什麼而存在？各位現在不妨重新省思一次看看，這不會是白費工夫。

不是所有的業績目標都不好。對公司來說，設定目標是很重要的事。但若為了達成目標而讓員工個人背負過度的業績配額，或者為達目標而不擇手段，那就有問題了。

業績不是為了顧客而存在，是為了讓公司內的機制能夠運作。

我在開頭提到的朋友，他的業績目標難到不賣給身邊的人就無法達成。如一休的榊社長所言，這樣的目標本身就有錯。

為求達成目標而做出的努力當然重要。可是那種努力應該要是為了顧客，而不是為了達成不合理的業績目標。

業績目標是為了誰而設定？希望各位現在能重新想想。

說不定你想到的某個業績目標，其存在本身便是錯誤。

POINT

滿意的員工能讓顧客感到滿意，成就出色的業績。

第3章

不瞭解顧客
就賣不掉

第9節 「購買」理由的四階段變化

「看起來都一樣啊。而且太大了，我也不太會操作……」

每次前往家電量販店的電視銷售區，我都會這麼想。

銷售區裡陳列了五十五吋跟七十五吋這類龐大的大螢幕電視，宣傳主打高畫質與各種功能。根據專家所言，畫質差距意外地明顯。

的確，我在二十幾年前購買電視的時候，也是先仔細確認過畫質差異，再挑選出自己要的來購買。當時不同電視機種的畫質差距頗大，即便是外行人也能看出來。

可是現在的電視，對我來說功能過剩。

我家電視是二十七吋。如果用大螢幕電視會太佔客廳的空間，更何況我家的電視只會用來看新聞，會使用的功能也只有錄影。現在每一種電視的畫質與功能都夠好又夠用。不過對我家來說，具備錄影功能的二十七吋電視，只要沒壞就很ＯＫ。

顧客的選擇基準是什麼？

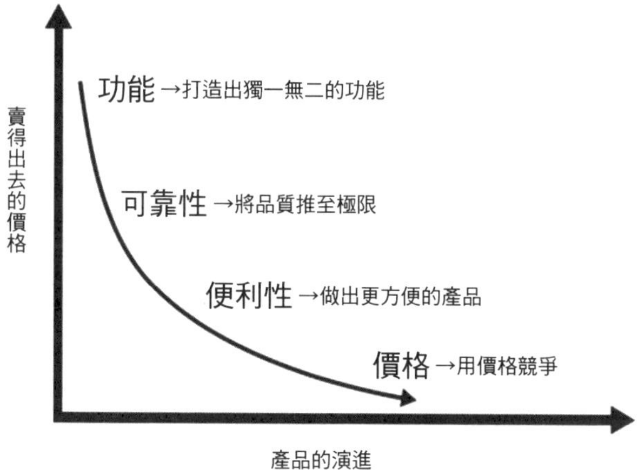

有同感的人應該不少吧？

有一種公司常見的光景是人家皺著眉頭，一邊看著自己公司與其他公司的產品功能比較表，一邊討論販售時要用什麼功能當作產品訴求。

但是功能訴求若要有效，還要看時候跟場合。

要說為什麼，這是因為隨著產品演進，顧客重視的地方也隨之改變。顧客重視的價值，以「功能」、「可靠性」、「便利性」、「價格」這樣的順序改變。這種想法來自名為「購買層級（buying hierarchy）」的產品演進模式。

接著以航空公司為例，來思考看看吧！

①功能：若有一種全新的商品上市，顧客就會用「功能」去挑選商品。在一九五〇年代之前，若要國外旅行，搭船航行好幾個禮拜都不足為奇。之後航空公司出現，只要半天就能前往國外。想要「縮短交通時間」的人，就算要花多一點錢，也會選擇搭乘飛機旅行。

②可靠性：功能充足的商品與服務大量出現之後，顧客就不會用功能挑選商品，而是用「可靠性」做選擇。當時的飛機事故多發，所以航空公司致力於提升可靠性，開始以航行有多安全為訴求。

③便利性：可靠性足夠之後，顧客就不會用可靠性挑選商品，而是以「便利性」選擇。可靠性已提升的航空公司，開始用機上服務競爭。

④價格：當每家公司的商品功能、可靠性、便利性都足夠之後，顧客就不會再以這些要素挑選。於是最後就用「價格」選擇。航空公司裡也出現了廉價航空公司，展開了價格競爭。

顧客挑選商品的基準，以「功能」、「可靠性」、「便利性」、「價格」這樣的順序轉換，所以訴求點也必須隨之改變。不過轉換至「價格」後就會陷入價格戰。因此在顧客的挑選基準轉變成「價格」之前，公司必須先挖掘出連顧客自己都沒發現的問題並改善便利性，勾起顧客想要購買的欲望。

成熟市場中「該主打的賣點」？

現在的家電商品大致都擁有足夠的功能與可靠性。

因此，用前所未有的便利性作為訴求的家電不斷地增加。

三星（Samsung）在印度販賣的冰箱擁有上鎖功能。這是為了有雇用女傭在家服務的有錢人所設計，此功能可以防止女傭開冰箱偷吃食物。

愛麗思歐雅瑪（IRIS OHYAMA）則開發並銷售了許多「原來如此家電®（なるほど家電®）」。

例如「雙面電烤盤」。一般的電烤盤只有一個烤盤，不過這是摺疊式的雙面烤盤。據說此商品的開發契機，來自開發者與太太一起做鐵板燒料理的經驗。

開發者的伴侶非常喜歡海鮮，但是他本人卻相當討厭，所以他烤了肉。結果蝦子與干貝流出的濃郁湯汁，竟然大量流到肉這邊來，讓他好不容易烤好的肉變得無法入口，因而感到相當難過。於是他想到一個點子：「把不同的食物，分到不同的烤盤上烤」。而且分成雙面就可以調整各個烤盤的溫度，能夠分成烤肉用的跟保溫用的烤盤，這樣肉也不會烤焦。

另外還有「桌上型吹風機」。有許多人想要在忙碌時有效利用吹頭髮的時間。如果是長頭髮的女性，甚至要花十至二十分鐘才能把頭髮吹乾。所以這款吹風機就設計成桌上型，讓雙手能夠自由地做其他事情。如此一來，顧客在吹頭髮的時候，就能同時保養肌膚或玩手機。

這些家電都徹底從顧客的角度出發，找出了嶄新的便利性。

全新的商品出現時，顧客會依機能或功能去選購。

但是商品成熟之後，就不會再根據機能或功能購買。

因此企業必須提高顧客使用商品時的便利性。

重點在於顧客的不滿之處。會讓顧客感到不滿意的地方隨處可見。

企業該主打的訴求並非機能或功能，而是解決不滿的方法。

POINT

顧客的消費基準會以「功能→可靠性→便利性→價格」順序改變。

第10節　商品對顧客沒有好處就賣不出去

九年的經濟效益超過四百億日圓，富士宮炒麵的雙關語策略

從前我曾經入住某間溫泉旅館，並且用了晚餐。

那時我很期待能享用到當季的當地山菜，但是送上桌的料理卻使我詫異。

「怎麼是鮪魚的生魚片料理？」

那個地方可是離海有一百公里之遠的深山。

為什麼不讓當地的山菜上桌，反而特地提供來自遠方的海鮮？

之後我在某個聯誼餐會跟一位美食專家提了這件事，才明白其理由。

「對深山居民來說，鮪魚料理可是珍饈佳餚喔！」

從前的日本山區，一直都有缺乏蛋白質的問題。海鮮則是珍貴的蛋白質來源。

原來那一道生魚片料理，有著旅館對於住宿賓客的深厚關懷。但是對住宿的客人來說，比起鮪魚料理，當地人常吃的山菜料理才是佳餚。

一個地區的強項，大多都是當地人習以為常的事物，因而容易忽略。企業也一樣。自己公司的強項是如此地理所當然，所以往往不會加以留意。要找到強項有訣竅，那就是以外人的角度思考。企業可以請外部專家協助，活用擁有外部觀點的人才也是一種有用的方法。

從前靜岡縣富士宮市幾乎不會有觀光客造訪，現在一年有大約五十萬人光臨。觀光客的目標是富士宮的炒麵。

創造出此契機的是「富士宮炒麵學會」的會長，渡邊英彥先生。以前在東京工作的渡邊先生，辭職回到了自己的家鄉富士宮。他為了活絡地方發展而與夥伴一起展開行動。然後其中一名夥伴說「富士宮的炒麵跟其他地方都不一樣耶」。

從前富士宮的後街與小巷有許多傳統零食店，店內還有裝設了鐵板的桌子，老闆會用鐵板去炒麵或煎御好燒（日式什錦煎餅）。於是他們展開了炒麵的調查行動。

既然都要行動，他們就想要在媒體上公開這件事，事情傳出去後，ＮＨＫ靜岡局的記者就前來採訪。雖然他們什麼都還沒做，但是渡邊先生這麼說：

「我們創立了一個組織，名字叫『富士宮炒麵學會』。」

「『炒麵Ｇ麵[1]』夜夜都會展開富士宮炒麵的調查行動。」

這是他們當場想出的冷笑話，但卻引發了熱烈討論。

之後他們真的成立了富士宮炒麵學會。如果取作「炒麵振興協議會」之類的名稱，應該就不太能引發討論。命名的品味很重要。

昭和三〇年代（一九五五年左右），富士宮市因絲織業而繁榮。人口急遽增加，孩童也很多，當地的歐巴桑便開了許多以小孩為目標客群的傳統零食店兼炒麵店。

富士宮的炒麵獨一無二。市內製麵業者所製作的蒸麵條彈牙有勁。從前富士宮的養豬業興盛，炒麵用的油便使用豬油，同時也會加入豬肉肉末，炒起來香氣十足。沙丁魚乾磨成的粉也是該炒麵的鮮味來源。高麗菜則是富士宮的高原高麗菜。

在那個所有人都餓著肚子的時代，能用便宜的價格填飽肚子的炒麵，成了點心零食的替代品。

炒麵就是富士宮的家鄉味。

二〇〇一年春季，他們完成了市內炒麵地圖。經過媒體報導後，於黃金週大爆紅。絡繹不絕的客人，讓炒麵店的歐巴桑都得了腱鞘炎。

另外，秋田縣橫手市與群馬縣太田市，也都稱自己為「炒麵之鄉」。

於是二〇〇二年時，三市一起舉辦了活動「三方麵談[2]」。這三市的市長簽署了「三國同麵協議書」[3]，締結了「三國同麵協定」。這也引起了話題。

他們也組織了「炒麵傳教使節團」，用來派遣炒麵廚師去參與活動。

他們將這些視為富士宮炒麵的佈教行動，並取名為「可能的麵務」[4]。

---

1 音同「炒麵G-Men」，此哏為模仿超級英雄。
2 音同「三方面談」。日本的三方面談，通常指學生、老師與家長這三方面對面討論該學生的學業狀況等。
3 與日語「三國同盟」的發音相似。
4 此哏為模仿「不可能的任務（Mission: Impossible）」。

旅遊團的觀光路線也加入了富士宮炒麵的店家，其名為「炒麵巴士旅遊團」。該旅遊團還附贈「麵財符」[5]，那是價值六百日圓的餐券。

富士宮炒麵學會的預算幾乎是零。可是他們千方百計地構思出雙關語，在九年之間創造了高達四三九億日圓的經濟效益。他們簡直就跟富士宮炒麵一樣「有勁」。

觀光客在觀光地區追求的是當地獨有的事物。

比方說橫濱是具有異國風情的港都；京都則是擁有悠長歷史的日本古都。另外也有一些例子是觀光客聚集到工廠欣賞夜景，例如因「工廠狂熱」[6]而爆紅的川崎工業地區。

有些事物，雖然當地居民已司空見慣，但是觀光客卻覺得新鮮奇妙。重要的是要挖掘出那些遭到埋沒的事物，然後當地人要自己寫下該地的故事，並以此作為訴求。

欲活絡地方發展時，人們往往會認為「只要製作特產，就會有觀光客為了特產而來」。但是這種想法欠缺了顧客方的觀點。這樣觀光客是不會來的。

這項「技術」賣不掉的理由

企業也一樣。許多企業都看不見自己真正的強項。

因為身處內部的員工只會認為那是理所當然。

確認強項時，絕對不可或缺的就是要連同顧客的利益一起思考，不能以自己做得到的事情或技術為主。但是大多數的人都沒有做到這一點。

比方說，自己公司開發了業界畫質最高的電視機，可是顧客分辨不出差異，或者雖然開發了薄上零點幾毫米的全球最薄智慧型手機，但是顧客卻沒有興趣，這些都是很常見的狀況。

即便自己認為「我們的強項是技術」而徹底磨練這一點，也無法單靠技術就大發利市。因為這種作法沒有把顧客納入考量。

不過不可思議的是那種人多半會說「我們可是非常認真地替顧客著想」。

有一種冰箱在使用者忘記關門後會以智慧型手機通知。我認識的一位女性這麼說道：「可是出門之後就算手機有通知也沒有意義。」

5　音同從前基督教的「免罪符」，也就是贖罪券。

6　「工廠狂熱」指喜愛工廠景致的愛好或欣賞行為。

儘管手機通知功能不獲好評，製造商還是認為「這個功能不夠方便」，於是改善功能，讓手機能夠監視冰箱內部溫度等資訊。

製造商不傾聽顧客的心聲，擅自斷定「顧客的想法理應是這樣」。用自己的腦袋憑空想像顧客的想法，就只是單純的幻想。

這簡直就像天真單純的高中男生，努力想要讓憧憬的女生喜歡上自己。

自己斷定「她絕對會喜歡壯碩的男生」，然後便拚命鍛鍊肌肉。可是，說不定她喜歡動畫又偏愛室內活動，其實並不喜歡肌肉男。面對這樣的女生，不管自己如何展現練出來的肌肉，也只會讓她敬而遠之。

但是看到女方興趣缺缺的模樣後，又擅自認定「我鍛鍊得不夠」，並飲用乳清蛋白、加強訓練。鍛鍊身體雖是好事，但如果目的是要讓那個女生注意自己，那麼這份值得敬佩的努力可是得不到回報。這只是癡心妄想又白費努力罷了。這名高中男生需要的是提起勇氣與對方說話，並瞭解她的喜好。

這名純真的高中男生是依據幻想去飲用乳清蛋白，即使這並不正確，但是會採取相同作法的企業出乎意料地多。

技術要與顧客的需求結合，優勢才得以發揮。

向戴森學習如何找出「核心競爭力」

之前我在出差的地方看見了戴森（Dyson）的乾手機（烘手機）。上頭寫著「十二秒乾手，九九．九%殺菌」。

那真的是相當強勁的暖風。手一下就變乾，暖烘烘的。之後我試用了其他公司的乾手機，每一種都超過三十秒，是戴森的一倍以上。

戴森非常擅長把自己公司的技術與顧客需求結合在一起。

戴森的核心技術為數位馬達技術，以及可以控制空氣流向的流體力學技術。戴森運用這些核心技術，並挖掘出顧客的隱性需求，以此開發商品。例如吸引力不會減弱的吸塵器，以及能用大風量快速吹乾頭髮以避免傷害髮質的吹風機。無論哪種商品，都運用了核心技術並創造出嶄新的顧客價值。戴森未來也打算要挑戰開發電動汽車。

這個乾手機的顧客價值就是「時間縮短」。對我這種急性子的人來說，將乾手時間縮短至十二秒是很重要的價值，同時也能緩解排隊的狀況。

美國的經濟學家蓋瑞・哈默爾（Gary Hamel）與C. K.普哈拉（C.K. Prahalad），將企業自己獨有的強項命名為「核心競爭力（core competence，或稱「核心能力」）」。所謂核心競爭力，就是「核心技術（主要的中心技術）」與「顧客利益」的組合。核心競爭力能夠打造出強大的商品。

從前日本企業培養出強盛的核心競爭力，並與商品結合。

索尼（Sony）擅長運用「機電整合（mechatronics）技術」，讓商品小型化。機電整合技術，是由電子技術與機器驅動的機械技術整合而成。他們活用此核心技術，研究出可攜性出色的新穎商品，打造出可攜式收音機與Walkman（隨身聽），並成了全球熱賣的商品。

夏普（SHARP）的核心技術則是液晶顯示器技術。運用液晶顯示技術，就能縮小商品體積並節省電力，小型電子計算機、電子記事本（electronic organizer）以及液晶電視都因此誕生。

就像這樣，強項的大前提是「對顧客來說有價值」。

明明不太清楚什麼才是顧客想要的價值，卻堅持「這個就是自己公司的強項」，這就跟不受女性歡迎卻硬說「我很搶手」的自大男人一樣。企業必須要做的

核心競爭力是核心技術加上顧客利益

企業	核心技術	顧客利益		產品
戴森	數位馬達技術與流體力學技術	大風量且時間縮短	➡	乾手機
索尼	整合電子與機械技術的小型化技術	可攜性	➡	可攜式收音機、Walkman、Handycam（攝影機）
夏普	液晶顯示技術	薄型化、小型化、節能	➡	小型電子計算機、電子記事本Zaurus、液晶電視

⬇ 組合起來就是核心競爭力　　⬇ 具競爭力的產品

（由作者參考《競爭大未來》（日文書名為《核心競爭力經營》，蓋瑞．哈默爾、C.K.普哈拉著；繁體中文版由智庫出版，日文版由日本經濟新聞社出版）後製成）

是瞭解顧客，深入思考什麼對顧客而言是有價值的。

只有技術出色，稱不上是什麼強項。

退一步檢視，找出強項

有一個方法能讓企業以顧客的角度去挖掘強項，那就是利用擁有外部觀點的人。

富士宮市是以回鄉發展的渡邊先生為主要推手，用炒麵成功活絡了地區發展。

企業也可以採用一樣的作法。為了找出自己未能察覺的真正強項，企業需要創造契機，例如利用曾在其他公司工作過的新員工、海外人才，或傾聽顧客意見、聘請外部顧問。

有了契機後，企業必須自行分辨、確認自己的強項。認同該強項之後，就要深入思考該如何活用此強項。

開頭介紹了端出鮪魚生魚片料理的溫泉旅館，不過那個故事還有後續。

我在聯誼餐會跟美食專家說這件事的時候，有旅行業的人加入話題。

「從前溫泉旅館的客人，本來就有一半以上是當地人。生魚片料理對那些客人來說就是珍饈佳餚。因為當地人平常都只吃山菜料理。」

當時溫泉旅館讓生魚片料理上桌，是有這樣的道理在。

「不過最近來自都市的客人增加了。旅館應該知道住宿的客人來自哪裡才對。所以旅館要提供生魚片料理給當地的客人，從都市來的客人則提供山菜料理。只要像這樣提供不同的晚餐給不同種類的客人就好。」

換言之，顧客會隨著時代而改變，所以強項也需要重新檢視。

索尼的小型化技術，現在蘋果或三星等許多企業也都有。

夏普的液晶顯示技術也已大宗商品化。

核心競爭力擁有有效期限。企業必須常常重新檢視。然後，決定那是不是核心競爭力的人則是顧客。

POINT

單有技術並不足以獲利。要結合顧客價值去思考。

第11節　豐富的商品種類是不夠的

開在大賣場旁的蔬果小販的生存策略

「完蛋了。永旺（AEON）購物中心要在我們店旁展店。我們的品項種類絕對比不上永旺……」

在郊區經營小型蔬果店的山本相當苦惱。

「我有一個朋友在經營食品商店，後來那附近也開了永旺。他增加了商品種類，努力想跟對方對抗。但就像是小蝦米對抗大鯨魚，最後顧客全都被搶走，最後只好關門大吉。我家的蔬果店可能也得在這一代結束了吧……」

你會給山本什麼樣的建議呢？

行銷顧問丹．甘迺迪（Dan S.Kennedy）的著作《丹．甘迺迪的世界第一狡黠定價策略（No B.S. Price Strategy）》（與傑森．馬爾斯〔Jason Marrs〕共著，DIRECT

出版）中，就有能夠解決這個問題的方法，所以我想向各位介紹這本書。

沃爾瑪（Walmart）在美國的狀況就相當於永旺。其二〇一八年度的營收為五六兆日圓，竟然是日本國家預算的一半以上。沃爾瑪會在人口少於一萬人的地區展店，並用壓倒性的低價與豐富品項將該地區的顧客全都奪走，所以各地區的零售店都對沃爾瑪感到非常畏懼。

從前沃爾瑪決定在某個地區展店，當地有一間小小的模型店。老闆認為「自己贏不了沃爾瑪」而感到煩惱，對此，甘迺迪只向他說了一句話。

「這是很棒的機會！在沃爾瑪買得到的商品，你只要一種都別賣就好。」

於是這間模型店開始販賣以狂熱模型迷與蒐藏家為目標客群的商品。當模型迷發現自己無論如何都想要的商品，價格就不會是首要考量。據說沃爾瑪開幕後，這間店的生意反而變得興盛。

給山本的建議也是一樣。

「不要賣永旺有在賣的蔬菜。」

比方說，山本可以賣有機食材、地區特產的農作物，或是罕見的西方蔬菜。

山本可以在「永旺旁邊」這樣絕佳的位置上販售這些講究的食材。如此一來，想要這種精選食材的大量顧客，就會從永旺流動過來，等同永旺幫山本吸引客人。

另外還有別的方法，那就是告訴附近的居民：「只要傳簡訊告知想要買的蔬菜，本店就會配送到家。運費為五百日圓。」

永旺的商品種類相當繁多，就算顧客用網路購買，光是挑選商品就很麻煩，訂購頗為費時；在店面挑選商品也很費勁；同時也無法詳細指定送達的時間。

不過蔬果店的商品種類少，顧客只要告知「請送八顆番茄、四根小黃瓜、一顆高麗菜、兩把菠菜」即可。顧客跟店家要做的事情都很簡單。顧客可以省下購物的麻煩，店家則能賺取宅配費用。這是品項少的蔬果店才能做到的事。

把商品種類減少到十分之一以下，大獲成功的高田郵購

我們往往認為「豐富的商品種類能成為一大強項」。

比方說亞馬遜跟樂天（Rakuten）什麼商品都有。許多人只要想在網路上購

物，就會「先在亞馬遜或樂天上搜尋」。

不過，不是只有「豐富的商品種類」才能成為強項。

有時縮限商品種類反而能突顯自身長處。

電視購物業者「高田郵購（Japanet Takata）」為高成長企業。

二〇一八年時營收超過了二千億日圓。

高田郵購過去販售的商品種類有八千五百種。

但是二〇一六年時，竟然減少至十四分之一，變成六百種。

據說高田郵購從前連一個月只會賣出兩個的「保險箱」都有賣。另一方面，負責刊登商品的團隊還曾因為商品過多而煩惱人手不足。

高田郵購的強項本來就是「多量少樣」的銷售方式，與亞馬遜跟樂天的「少量多樣」完全相反。他們能夠從顧客的角度挖掘商品優點，整備好萬全的銷售體制，宣傳商品的好處並大量銷售。

重新檢視營收結構後，高田郵購發現大部分的營收來自八千五百種商品之中的一千種。於是他們更進一步地縮小商品範圍，意外地減少了許多種類，變成了六百種商品。

減少商品種類有很多好處。

首先，原本有十人的商品上架團隊解散了。過去他們拚命改善商品上架作業，減少品項後就「不用再改善，可以停止此作業」，並改為從事其他工作。

另外高田郵購有二十名採購人員，負責採購要銷售的商品。

如果商品是八千五百種，一個人就得負責採購四百種以上的商品。這樣採購人員實在無法好好注意每一種商品。

不過若是六百種商品，一個人便只要負責三十個商品即可。

最後採購人員就只採購自己有信心的商品。而且，由於他們已經可以仔細地管理商品，所以能夠事先向製造商下單，藉此縮短交貨給顧客的時間。對於經過挑選的全六百種商品，高田郵購也會準備自己公司製作的影片，並刊登在網站上，提供更加易懂的商品宣傳內容給顧客。

高田郵購是用顧客的觀點去深入思考自己的強項，才將品項減至十四分之一。

心理學家「選項實驗」所帶來的啟發

有一個關於商品品項數量的實驗如下。

心理學家希娜・艾恩嘉（Sheena Iyengar），好奇超級市場的商品品項數量是否會影響營收。於是她做了在超市內擺設果醬試吃攤位的實驗。

一個試吃攤位擺放了二十四種果醬，另一個則放了六種。

結果二十四種果醬的攤位有六成的客人停留，其中有三%的人購買。換言之，所有來店的客人之中，只有不到二%的人購買。

六種果醬的攤位則有四成的客人停留，其中有三成的人購買。也就是整體中有十二%的客人購買。

種類少的六種果醬攤位賣得較好，足足多了六倍。

書與CD這種差異明確的商品，種類多的話對顧客比較有價值。

但是像果醬這樣差別不大的東西若有七種以上的選項，人就無法認知差異，反而無法做出選擇。Japanet會代替消費者判斷商品的差異，並在電視購物頻道說明選擇的理由。所以Japanet的商品種類少才賣得比較好。

就像這樣，「豐富的商品種類」只不過是各種企業強項的其中一種。人這種生物出乎意外地複雜。雖然一般認為選項要多一點比較好，但另一方面，選項過多又會讓人無從選擇。亞馬遜與樂天回應的是前者的需求，Japanet則是後者，各有不同。

企業需要的是從顧客的角度深入思考自身強項，不必非要依賴豐富的品項。像Japanet與山本的蔬果店那樣，刻意減少商品種類以求磨練自身強項，也是一種常見的作法。

POINT

少量品項，視策略也能成為強項。

第12節　減少顧客數量

顧客忠誠度決定顧客貢獻度

之前我打算停用網路連線服務。

「既然申請那麼簡單，那解約應該也很容易才對。」當時這樣想的我實在天真。

首先，我不清楚解約的方式。我不停地在網站上搜尋，最後才在網頁角落發現了解約用的電話號碼。

打電話過去後，語音表示「每一分鐘會收取十日圓的費用」。

過了十幾分鐘後，終於有客服人員接電話。但是對方卻不讓我解約。

「您現在解約並不划算。」

據他所言，若在合約到期月以外的月份解約，解約費用會變高。我想要趕快解約，所以就婉拒了，然後對方就開始推銷：「現在有優惠活動……」

「我想要馬上解約。」

「那我會寄送解約文件給您。請告訴我您的電話號碼與姓名。」

結果對方並沒有在電話上受理我的解約申請。

十天後文件寄到了，上頭表示「如果沒有把簽約時的資料全部寫下，便不會受理」。

我找出以前的合約文件，把所有資料都填好後就投入郵筒寄出。一個月後，終於成功解約。

我發誓「我以後絕對不會再跟這間公司簽約」。我看了網路上的討論，似乎有很多人都無法順利解約，勞心費力。

難解約的不只有這個網路連線服務。在這個世界上，會用各種方式拴住顧客的業者實在很多。

例如解約費用昂貴的健身房。

有的例子則是想要解約，反而遭對方強硬推銷而購買了商品。

或是見「試用免費」而註冊，但條件卻是要定期購買商品且難以解約。

做到這個地步已經幾乎是詐欺了。這些都讓人感受到業者「咬到了就絕對不鬆

顧客忠誠度高的顧客，顧客終身價值也很高

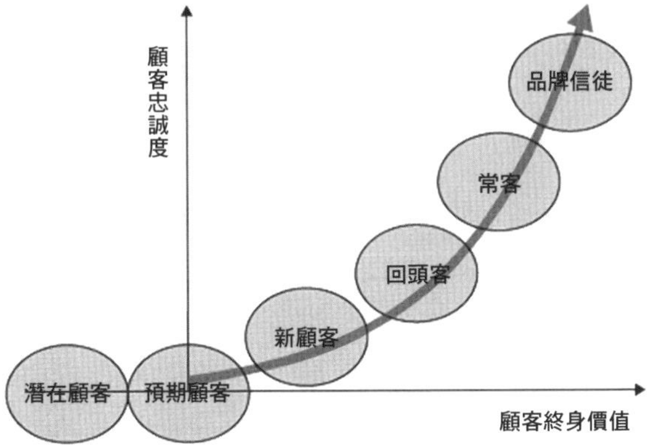

口」的執著。

這就跟女生用輕鬆的心態跟男生交換LINE，男方卻變成纏人騷擾狂一樣。實在可怕。

「與顧客長久往來交易」這樣的想法本身未必有錯。

有一種概念叫作「顧客忠誠度」。

雖說是「顧客」，但也是有各式各樣的顧客。未來或許會購買的是潛在顧客；正在考慮要不要購買的是預期顧客；第一次買的是新顧客；買了好幾次的是回頭客；時常購買的是常客；其中也有對品牌嗜之如命的品牌信徒。

如果顧客總是來消費，營收就會變得非

常可觀。比方說，我家總是會在同一間店買熟食。雖然每次都是買一千日圓左右，但是兩天買一次的話，一年就是十八萬日圓。持續十年竟然就有一百八十萬日圓。買熟食的錢相當於買一輛汽車。

就像這樣，一名客人在身為顧客的期間為企業帶來的價值，就稱作「顧客終身價值（customer lifetime value）」。

這種概念也會讓某些人認為：「絕對不能讓已經抓住的客人離開，要持續賣東西給他！」

可是，企業不可以用這樣的方式賣。

沒有什麼會比客人不滿的評論要更恐怖。負評會慢慢擴散開來，導致新顧客不再增加，經營狀況會逐漸地惡化。那麼該怎麼做才好呢？

靠著減少顧客創造高獲利的大型家電專賣店

位於東京町田的電器行「電化山口」不會勉強留住顧客，反而還打算減少顧客。但是電化山口連續二十一年都有獲利。大型家電專賣店的毛利率為二六％，但電化山口卻是四〇％，實為高獲利。

原因在於其售價頗高。其中也有許多電器商品的售價為廉價商店的兩倍。電化山口的鎖定對象只有老主顧，並且會提供那些顧客各式各樣的「隱藏版服務」。常見的服務有運送電燈泡或電池到客人家裡，另外還有拔草、看家，甚至還會幫忙照顧寵物。這些服務都是免費提供。

電化山口的山口勉社長，原本是家電製造商的技術人員。

他在一九六五年獨立出來開店，當時日本的基礎建設尚不完備，想拉電話線到店裡要花上一年。沒有電話就沒辦法接單，所以他最初是把工具、電燈泡、烤吐司機等東西裝到自己的廂型車裡，在街上開車奔波，直接向附近住戶拜訪推銷或提供修繕服務，他也會修理漏水的水管等等。電化山口現在的隱藏版服務，其原點就在於此。

之後他在町田開了電器行，然而即使他加開門市也無法獲利，不得已之下只好收掉分店。

到了一九九〇年的下半年，附近陸續開了小島電器（KOJIMA）、山田電機（Yamada-Denki）、佐藤無線（SATO MUSEN）以及友都八喜（Yodobashi

Camera）等大型家電量販店，價格戰就此展開。

山本社長還背著之前關掉虧本門市的債務，自己也沒有錢。他也沒有勇氣開除自己辛苦雇來的員工，陷入了山窮水盡之境。

於是他果斷地決定「不便宜賣，不考慮銷售額」。

他決定不要在意銷售額，而是要重視毛利。

當時量販店的毛利率為一五%，不過山口社長竟然宣示要達到「三五至三六%」。為了做到這一點，就要調高售價。首先，他決定員工評鑑與薪資都要依據毛利決定，而不是營收。這樣做的話，員工也會想辦法提高利潤。

不過，雖然想要便宜賣可以馬上調降價格，但是想要高價賣卻需要理由。

於是他決定要徹底改用剛創業時採取的定期拜訪推銷法。若採用這種方式，客人就不會增加。一名業務員最多只能負責五百至六百戶人家。

因此他訂定方針：「只鎖定優良顧客與優良預期顧客」，五年內沒有消費、不準時付費或者會找麻煩的顧客則從名單中刪除。結果原本有三萬五千戶的顧客，減少至三分之一，變成了一萬一千戶。如此一來，業務員就能好好為老主顧服務。過去一個月只有空拜訪一次的顧客，現在也能改成一個月拜訪三次。

山口社長說道：「我想要再多減少一些顧客，加強對老主顧的服務。」

現在一名業務員負責的戶數，又更進一步地減少為四百戶。

電化山口停止為了高獲利而勉強留住客人，他們只鎖定老主顧，與這些顧客建立長久的買賣關係。

順帶一提，過去有一位男性顧客，為獨居的母親購買了三十萬日圓左右的電視機，據說那時他還跟電化山口的人說「那就麻煩你們照顧我媽媽了」。真是「遠親不如附近的電化山口」呀！

賽富時採用的「客戶成功」概念

留住所有顧客並使之消費的這種想法是絕大的錯誤。

企業本來就無法勉強困住顧客，即便試圖這樣做，想辦法逃脫出來的顧客也會像我開頭提到的那樣，再也不想靠近這間企業。顧客也會給予負面的評價。硬是綁住客人，只會讓人覺得此企業跟騷擾犯毫無二致。

最近有一個備受矚目的機制，讓企業不用勉強追回離去的客戶，能夠與客戶建立長期的關係，那就是「客戶成功」這項工作。

常有人把「客戶支援（customer support）」與「客戶成功（customer success）」混為一談，不過這兩者截然不同。客戶支援的任務是解決問題，被動地等待客戶前來諮詢並加以應對，目標是提升顧客滿意度。

客戶成功的任務，主要是引導企業法人客戶走向成功。客戶成功團隊會時時關注客戶的狀況，搶先發現客戶自己都沒注意到的問題，並提出解決方案，為主動性的工作。然後其目標是零解約率，謀求顧客終身價值的最大化。

客戶成功這個概念，源自美國的大型雲端服務供應商賽富時（Salesforce.com）。雲端服務並非賣斷制，而是以每月計費的方式提供服務。也就是第二十三節介紹的訂閱制。

如果收費採用賣斷制，簽約就會變成終點。

可是像雲端服務那樣以月計費，簽約就會是開始一段與客戶之間的關係。只要能讓客戶一直使用，自己公司的營收也能提升。於是「客戶的成功也會帶來自己公司的成功」這樣的想法，創造出客戶成功這項工作。

據說賽富時的客戶成功團隊，會把客戶的登入與檔案更新頻率自動化為分數，當發現客戶的分數下降至一定標準，團隊就會追蹤客戶的情況。

企業不可以把商品或服務硬賣給離去的顧客。

必須拴住的是打從心底感到滿足而持續消費使用的老主顧。

打造出讓顧客感到舒適的消費環境是很重要的事。

POINT

不用追回已離開的客人，為老主顧提供最棒的服務。

第4章

商品資訊不可過多

第13節　字彙或資訊過多會賣不掉

如果你看到以下這樣的商品說明，腦中會浮現出商品的模樣嗎？

「此放大鏡的鏡片為應用人體生理工學的高科技設計，也便於與眼鏡同時配戴。

放大倍率有三個階段：一．三二倍、一．六倍、一．八五倍。

我們配合臉的大小，準備了小（一三．五mm×一一七mm）、標準（三一．五mm×一二七mm）、大（四一．五mm×一三六mm）三種尺寸。

產品也具備抗藍光功能，且壓了也不會壞，最多可承重一百公斤。」

或許你看了以後覺得難以想像，也提不起興趣。

其實這個是熱賣商品「葉月眼鏡式放大鏡（Hazuki Lupe）」的規格與功能說明。

如果當初是用這樣的方式宣傳，恐怕會賣不出去吧！

不過該公司並沒有這樣做。其廣告標語是這一句話：「葉月眼鏡式放大鏡，讓事物看起來大而清晰。」標語相當簡單而具體。

葉月眼鏡式放大鏡廣告的厲害之處

電視廣告中的小泉孝太郎說：「葉月眼鏡式放大鏡，好厲害」；演員館廣說「葉月眼鏡式放大鏡，我喜歡」；武井咲說「葉月眼鏡式放大鏡，我超愛♥」，眾明星極力稱讚。

不過仔細觀察，就能發現廣告用相當簡單易懂的方式，展現此商品的實用性。小泉孝太郎看著電腦螢幕畫面，說：「看起來大而清晰！而且抗藍光。」館廣戴著太陽眼鏡款式，看著葡萄酒的標籤說：「葉月眼鏡式放大鏡，看起來大而清晰呢！這瓶酒的年份跟武井咲的出生年一樣。」然後畫面出現女性「坐到眼鏡」，展現出該商品的堅固性，明星再說「這等強度，不愧是日本製造」。

該公司想好要以什麼為訴求，並用簡單的話語，強而有力地傳達出去。

有非常多人認為「如果沒有充分傳達商品訴求，就賣不出去」，於是便極為詳細地介紹功能與規格，傳達時用了大量的言詞或資訊。進行商品簡報時也說明「這個商品可以做到這些事」、「那種事也做得到」，把訊息堆了又堆、疊了又疊。讓人聽著聽著就開始想睡。

過多的言詞與資訊，反而會讓傳達力急劇轉弱。

真正需要的是相反的作法。要「削減」而非「堆疊」。

企業要充分思考什麼才是消費者需要的訊息，徹底削除沒有必要的資訊。然後再用簡單易懂的方式，傳達具有價值的精華內容。

這樣做才能讓話語擁有力量，並深入傳達至對方的內心。

小林製藥開發了「退熱貼」、「Eyebon（洗眼液）」等獨特的小眾利基商品，各獲得了一半以上的市佔率。

據說其員工每個月共會提出三萬七千個提案，公司會在發想簡報會議上決定是否採用。小林製藥會先找出需求，並致力於創意發想。然後開發、製造與行銷負責人會跨部門討論，相互提出意見以進行開發。

不過即便小林製藥如此用心地開發商品，顧客不買單也沒有意義。

所以他們很講究商品命名，其原則是「好記、有節奏感、一秒就懂」。

「退熱貼」跟「Eyebon」都是用這種命名方式，開拓了全新的市場。

雖然對手也出了類似的商品，但是「退熱貼」的市佔率仍然過半。

也就是說，「好懂的商品名稱」會影響「市場接受度」。

「驛中」[1]最初是以「驗票口內美食」一名介紹給大眾，但是傳播度卻差強人意。「驛中」這個簡明好懂的詞彙誕生後，市場認知度才大大提升。

靠「十八個字」熱銷的 iPod

蘋果的音樂播放器「初代 iPod」也是如此。

在二〇〇一年上市時，iPod 重量輕盈、方便好用，容量又大。若是一般公司，往往會像以下這樣，用大量的推銷文句介紹。

「攜帶式MP3播放器。重量一百八十五公克。搭載5G硬碟。而且能提供蘋

1　「驛中」字面為「車站內」之意，此為日本站內商場的通稱。

果獨一無二的便利性。」

內含過多訊息，資訊超量。無法讓顧客明白商品訴求。

於是蘋果將訊息統整成以下的句子：

「iPod。把一千首歌裝進你的口袋（iPod Puts 1,000 Songs in Your Pocket）。」

這句話非常強而有力。

首先，這句話很簡潔，只有十八個字。

再來就是它很具體，提出了「一千首」這個數字。

然後優點很明確：「能放進口袋帶著走」。

iPod 成為極熱門的商品，為日後大獲成功的iPhone鋪了路。

我在二〇一一年出版的商業書《百圓可樂如何賣千圓》（KADOKAWA），也將「要以價值賣，不以低價賣」這個行銷概念，簡單且具體地以標語呈現。這本書一系列共賣了六十萬本，相當暢銷。

無論宣傳時使用了多少形容詞、塞了多少資訊，顧客也不會加以關注。

企業首先要做的是思考出顧客真正需要的商品本質。
然後不要使用形容詞，言詞要削減再削減，精簡文字以求取精華。
接著必須用獨一無二、前所未有的簡明話語來表達。

POINT

要徹底思忖本質，並以簡單的言辭傳達。

第14節　令人倒彈的NG宣傳詞彙

「有效宣傳文字」與「無效宣傳文字」的差異

經營行銷策略顧問公司的傑佛瑞．福克斯（Jeffrey Fox），在著作裡介紹了八個廣告禁用詞。每一個用詞都常在廣告裡看到，但是那些全都NG。

但凡從事促銷工作，應該沒有任何一個人能充滿自信地說「我從來沒用過這些用詞」。

話是這樣說，不過我以前也經常使用（好丟臉）……

如果各位在促銷企畫裡看到這些用詞，希望大家能立刻當場在上面畫X。

●「我、我們」

「我們……」這種字眼對顧客來說完全沒有意義。應該要使用公司名稱或商品名稱等具體且客觀的用詞。

●「不一樣」

「本公司與其他公司不一樣」這樣的句子，常能在小冊子或廣告的文字內容裡看到。

但是大多時候即便細細閱讀，也會覺得有哪裡不對勁，完全看不懂句子想表達什麼。

在強調「不一樣」之前，要先用簡潔易懂的表達方式去說明哪裡不一樣，這樣遠遠更加有效。

●「解決方案」

商業的本質，本來就是要解決顧客的問題。

「我們提供解決方案」與「我們在做生意」的語意如出一轍。企業不可以用「解決方案」這個詞彙來敷衍了事，必須要使用具體的表達方式。

第十三節介紹的葉月眼鏡式放大鏡，傳達的訊息就是「葉月眼鏡式放大鏡，讓事物看起來大而清晰」。

只要用簡單明瞭的方式表達，顧客就會判斷自己需不需要該解決方案。

● **「品質」**

無論品質高低，所有商品都擁有某種程度的品質。商品的品質良莠與否，是由顧客判斷。要是自己說「本公司商品（服務）的品質很優秀」，那就跟自己說「我很搶手」的自大狂毫無二致。

● **「技術」**

沒有商品不會用到技術。顧客付費不是為了技術，而是為了商品能給予的「價值」。企業不該以技術本身為訴求，應該要具體訴說商品能做到什麼事。

比方說 Panasonic 擁有「微凍結（partial freezing）」這項冷藏技術。

但是如果只看見「微凍結」一詞，會讓人摸不著頭緒。

其實這個技術能讓食品保存在零下三度的環境中而不會完全結凍，也不需要解凍。肉、蔬菜以及事先做好的常備菜等等，都能夠保存一個星期。如果是低溫冷藏，平均能保存四天；冷藏則只能保存三天，所以差異頗大。

因此 Panasonic 以忙碌的雙薪家庭為目標客群，改成這種說法：「七天微凍結，一次買一週份量也能常保新鮮，無須冷凍」。

廣告由演員西島秀俊先生出演，他扮演雙薪家庭的帥氣爸爸，會在週末做好一週份量的普羅旺斯燉菜，並接受女兒的晚餐點餐。

● **「生涯（一生、一輩子）」**

「生涯價值」、「能用一輩子」這樣的言詞很常見。但是每個人的壽命長短各自不同，應該要選用具體的講法。

● **「真品」**

就算賣方說「這是真品」，顧客大多也不太瞭解真假的判定標準。如果真的想要讓顧客感受到商品的魅力，就應該要把說明寫得具體且清楚。

● **「最高等級的形容詞」**

形容最高等級的詞彙有非常多種，例如「最棒的」、「最佳的」、「最出色的」、「最合適的」、「最小的」、「最快的」等等。但是，如果要讓顧客感受到某個商品或服務為「最高等級」，就得用實際的數據去說明比第二名厲害多少。

NG字眼的共通點為顧客價值不具體。

我們必須充分思考如何才能用具體且簡要清晰的言辭表達，。

POINT

以具體且簡潔的言辭表達顧客價值吧！

第15節　認知度高卻無法獲利的理由

「共鳴時代」已經來臨

二〇一七年，三得利（Suntory）公開了啤酒風味發泡酒「頂讚」的一系列網路限定廣告。

標題是「絕頂美味出差」。廣告內容為主角在出差地點與剛認識的女性一起用餐，微醺女性連連說出性暗示。

有觀眾認為這些廣告「從男性凝視的視角出發，將女人性化」，批判的意見排山倒海而來，物議沸騰，廣告在幾天後就撤下。

看到這樣的廣告，我們通常會認為「負面宣傳會導致反效果」。

但這是三得利跟電通（Dentsu）廣告公司刻意設計的廣告。如果廣告的目的是要獲得顧客，那麼惹怒顧客、使顧客離去的話，就全無意義了。熟悉行銷的他們當然非常明白這一點，所以他們不可能是刻意引發觀眾批判。

不過，據說他們雖然沒有刻意使用負面宣傳，但大概是想要「利用灰色地帶」。

這與網路的特性有關。

電視廣告只要付錢就能確實地大量播映。

可是網路並非如此。在網路上若是無法引人注目，觀看數就不會增加，也無法引發話題。

「明明花大錢製作了網路廣告，但卻沒有造成話題」，這樣會使人大為不悅。

所以網路廣告多半以「buzz（社群口碑）」為目標。所謂「buzz」是指社群網站上有許多人按「讚」或分享，藉此一口氣讓廣告擴散開來並成為話題的狀態。

能確實引發 buzz 的方法，就是運用遊走輿論底線以增加觀看數的作戰策略。

「頂讚」的狀況，似乎是負責團隊在開會時興致高昂地討論企劃內容，結果玩過頭使內容越線，讓廣告超越了 buzz，變成輿論撻伐。

結果也導致「頂讚」這個品牌受到嚴重的傷害。

在撤除廣告兩年後的二〇一九年，於 Google 搜尋「頂讚　三得利」，就會看到熱門搜尋關鍵字中出現那個引發批判的廣告。

「想獲得大量關注」這個目的本身不一定有錯。問題在於手段。

「想用聳動的內容傳遞具刺激性的訊息」是錯誤的作法。

在資訊氾濫的現代，企業需要的並非「具刺激性的訊息」，而是創造「共鳴」。

寫真女星「美臀專家」的社群行銷策略

接著稍微轉換情境，用演藝圈的案例來思考看看吧！

演藝圈有許多「常惹出爭議的藝人」。他們認為「如果沒辦法讓大眾記住自己的名字，自己就不會紅」，所以就會在社群網站上說一些挑釁他人的話，或是在節目上爆料，大談頂尖偶像或當紅演員的八卦，提供具刺激性的新聞，刻意引發爭議。

媒體也喜歡能夠賺取收視率的新聞，所以會變成很大的話題。

可是「常惹出爭議的藝人」，幾乎都會在不知不覺中從演藝圈的舞台上消失。

具刺激性的新聞確實能引發討論，但是大眾很快就會厭膩。

而且世人會留下「那個人是個麻煩人物」的印象，就算出席活動也沒人想去。

即便世間的認知度提升，也不會增加最重要的粉絲。

在此，我想要介紹的是寫真女星倉持由香的想法。

寫真女星這片市場看起來華美而富麗，實際上卻是不斷地萎縮，競爭激烈。倉持小姐擁有十五年的演藝圈資歷，前面九年沒沒無聞，她就住在經紀公司裡，負責端茶倒水、做影印雜務或製作網站。據說她在唐吉訶德[2]買了睡袋，在經紀公司廚房前的地板上睡了四年。這種艱辛的故事，在現代已甚少耳聞。

順帶一提，她的起薪是五千日圓。這不是日薪，而是月薪。

之後薪資雖然有所增加，但也是五萬日圓、七萬日圓、十萬日圓，依舊不甚穩定。

另外，倉持小姐因自己臀部大而自卑，並表明自己要縮小臀部的尺寸。

不過攝影師告訴她「妳的屁股就是大才好看，不利用這個優點，就是在『浪費』這個屁股」，這件事成了她改變的契機，之後她反其道而行，開始「自拍」臀部的照片，且每五分鐘就在推特發佈一次，並附上「美臀專家」這個標語。

倉持小姐判斷「寫真女星的顧客，等於喜歡女人身體的歐吉桑（據言，她所說的歐吉桑「無關年齡，而是一種符號，代表喜愛女體的屬性」）」。

而且她認為「重要的是要從歐吉桑這種顧客的角度去思考」。

其實她的自拍行動，也是掌握「歐吉桑觀點（也就是顧客觀點）」的思考訓練。

倉持小姐跟同為寫真女星的朋友互相轉推照片，讓追蹤人數成長。她心想「要是有專用的應用程式，可以讓寫真女星一起上傳自拍照就好了」。

那時她突然靈光一閃：「我只要創造一個寫真女星共用的主題標籤（hashtag）不就好了！（所謂主題標籤，是在發文時於＃符號後面加上關鍵字，其他人搜尋該關鍵字後，就能輕鬆看到所有擁有同樣關鍵字的推文。Instagram 也有同樣的功能）」。

倉持小姐開始使用「＃寫真女星自拍社」這個主題標籤後，三天就有一百名以上的寫真女星加入她的行列。雅虎日本（Yahoo! JAPAN）新聞還將這件事選為焦點新聞，反響熱烈，而且還在二〇一四年的日本國內主題標籤排行榜，獲得了第八名

2　以便宜聞名的連鎖零售商店。

的榮耀。

新入行的寫真女星都跟從前的倉持小姐一樣，沒沒無聞而備嘗艱辛。另一方面，從二〇〇〇年的下半年開始，AKB48等偶像團體開始在偶像圈中興起。

據說倉持小姐也想要在寫真女星的圈子裡，創造出「偶像團體一般的青春故事」。

「#寫真女星自拍社」的目的，就像是以甲子園為目標的高中棒球男兒一樣，她們想要把寫真女星平常的努力傳達給粉絲。

在街頭演唱時發傳單、開個人演唱會，然後總有一天在武道館或東京巨蛋登場……

帶領粉絲一起體驗這樣的成長故事，藉此創造共鳴，讓粉絲以具體行動「支持」。

倉持小姐開始使用主題標籤後，也讓他人產生了共鳴，其追蹤人數每一個星期就增加一萬人，隔月就有了五萬人。據說其他新入行的寫真女星也有許多新的追蹤者，多虧了這個主題標籤，讓她們獲得了上電視的機會，工作委託也增加了。

倉持由香小姐的「知名度金字塔理論」

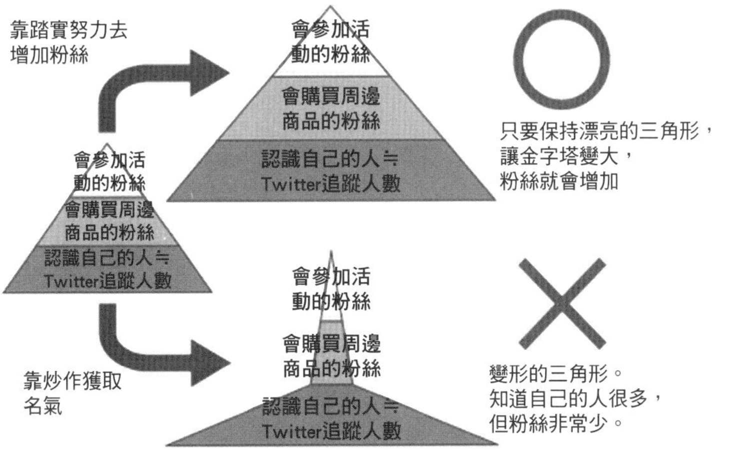

（由作者參考《寫真女星的工作論》〔倉持由香著，星海社新書〕後製成）

而且倉持小姐也打造出粉絲、寫真女星與媒體的三贏（Win-Win-Win）關係。

粉絲可以透過主題標籤找到自己喜歡的寫真女星；寫真女星本人也能提升知名度；然後媒體業者也能輕鬆找到與自己工作主題有關的寫真女星。

何謂知名度金字塔理論

倉持小姐自己有一個理論，她將之命名為「知名度金字塔理論」。

請看上圖。三角形的最下層為「知道我的人」，中間為「會購買周邊商品的粉絲」，頂層則是「會參加活動的粉絲」。

如果要增加頂層的人數，就必須拓大底層，讓知道自己的人增加。

「自拍」為的是增加第三層的人，這就像是「發廣告面紙」。

而且，一大群寫真女星一起用「＃寫真女星自拍社」的主題標籤去傳播訊息，勝過自己一個人發文，這種作法能大幅增加訊息的傳播力，一口氣擴大金字塔底層。一人之力不如團隊之力。

不過若是採用炒作的手法，雖然認識自己的人會增加，但是上層的「粉絲」依舊不會變多。這樣只會讓金字塔變形。

寫真女星必須持續踏實努力，讓三角形維持漂亮的形狀，並讓金字塔變大。

順帶一提，為了讓工作源源不絕，倉持小姐會時時注意一些要件。

「我會在社群網站事先通知大家；工作時則拿出超越對方預期的表現；並且不忘感謝。」

她不會讓一個工作的結束成為終點，而是建立良性循環，讓工作創造出另一個工作。

寫真女星的世界雖然看起來光彩華美，但她們都是在重複踏實的工作。

倉持小姐明白日常小信用的累積能夠建立口碑，讓金字塔逐漸變得巨大。聽說她的夢想是「靠寫真女星的工作賺大錢，住進頂級豪宅大廈」，如今也已經實現。

極高的認知度並非必須，我們需要的是讓對的人產生共鳴。

POINT

光是引人注目並無法獲利，該做的是引發共鳴。

第 5 章

不要賣給大市場

第16節　別只顧開發商品，要開發顧客

賽格威與優質星期五失敗的理由

過去有一個商品，在公開發表之前的名稱為「Ginger（活力）」，它實際的樣貌蒙著極為神秘的面紗。

「這是能改變人類移動形態的革命性商品。」

商品尚處於機密狀態時，比爾・蓋茲（Bill Gates）、史蒂芬・賈伯斯（Steven Jobs）以及傑佛瑞・貝佐斯（Jeffrey Bezos）這些大人物，在看過之後都極為讚賞。傳言則越傳越誇張。甚至有人說「該不會是能浮在空中的滑板」、「其實是時光機吧」。

就這樣到了二〇〇一年，賽格威（Segway）做好所有的準備，公開發表了商品。它的真面目是站立騎行式的電動二輪車。

其腳踏平板的兩邊各裝設了一個車輪，中間則設有把手。騎行時要站著，最高

時速為十九公里。可是一輛售價六十萬日圓，開始販售後，三年的銷售數數為六千輛。雖說在全球引發了話題，但結果卻有些寂寥。

大肆宣傳卻一敗塗地的事物多不勝數。

以最近來看，「優質星期五（Premium Friday）」應該也屬其中之一。過去經濟產業省與經團連（日本經濟團體連合會）為了鼓勵消費，呼籲「月底的週五在下午三點就下班吧」。而且還製作了專屬標誌，並在媒體上宣傳，實際上新聞也反覆播放了提早下班的上班族在居酒屋乾杯的模樣。但是優質星期五一直難以在日本社會紮根。

賽格威與優質星期五擁有一個共通點。

那就是不知道能為顧客解決什麼樣的問題。

賽格威推出的商品雖然外觀酷炫，但卻用途不明。時速十九公里有些慢，腳踏車還比較方便且便宜。所有要素都沒有特別突出的優點，沒有讓人非常想買的理由。

優質星期五設在月底，但是月底是忙碌的結帳時期。雖然政府說「趕快下班去多多消費，這樣才能活絡經濟」，但是上班族的真實心聲應該是「可是手上的工作該怎麼辦」。

政府該提供的不是讓民眾提早回家的機會，而是能早點完成工作的解決方案。

登場時大肆宣傳，最後卻以失敗收場的商品或計畫，大多都是這樣的模式。

厲害的商品或具有話題性的事物，或許能暫時吸引大眾的關注，但是顧客不至於會出手購買，所以就會賣不好。企業必須做的是找出「購買意願極高」的顧客，並持續改良商品或服務，讓顧客覺得「自己一定要買」。

鎖定專業使用者的 PayPal

美國的 PayPal 是全球最大的網路支付服務商。

PayPal 剛起步時，徹底鎖定了特定的使用者。當時全球最大的拍賣網站eBay正在急速成長，於是 PayPal 把目標鎖定在頻繁於 eBay 交易的數千名專業級使用者（power user）上。

eBay 的專業級使用者會頻繁地在網站上交易與金錢往來。

鎖定顧客有特定煩惱的小市場

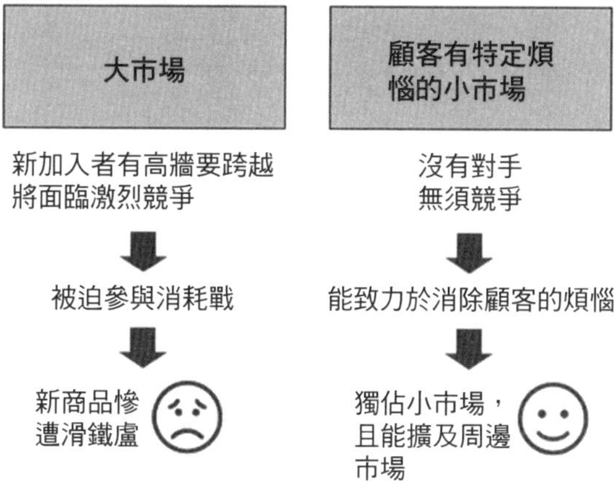

不過當時並沒有什麼好用的網路支付服務。於是 PayPal 就集中向這數千人推銷，並成功地在三個月內讓四分之一的人開始使用。這也成為 PayPal 擴展的契機，之後逐漸有人用在 eBay 以外的各種交易上。

另外還有其他案例。美國 Documentum 從事企業文書管理系統的開發與銷售。

創立數年之後，Documentum 面臨成長停滯。

Documentum 文書管理系統原本的業務範圍包山包海，為了突破成長停滯，其團隊徹底地縮小業務範圍。

他們鎖定發展的其中一個業務，就是製藥公司的新藥核准申請業務。對製藥公司而言，新藥是會左右未來營收的命脈。為了發售新藥，製藥公司必須申請並獲得新藥核准。申請時光是申請文件就得準備二十五萬至五十萬頁。除了要花費數個月的時間與龐大的人事費用外，申請只要遲了一天，就會讓新藥的銷售額減少。

這對製藥公司來說是巨額的成本與機會損失。

製藥公司認為「要花錢也沒關係，想要簡單迅速地申請」。

於是 Documentum 徹底鎖定了某間製藥公司的這項業務，花了一年的時間打造系統，並獲得了絕佳的成果。在那之後，此系統在製藥業界的市佔率極高。Documentum 還運用這個經驗，將業務擴展至擁有相同煩惱的製造業與金融業。

企業開發新商品時，重要的是一定要以「顧客煩惱的嚴重程度」為選擇的基準。

顧客之所以會覺得「想要解決這個煩惱，就算要花錢也可以」，就是因為沒有人能解決這個苦惱。反過來看，這可是新商品獲得成功的絕佳時機。

企業絕對不可以忽視顧客「想要解決問題」的心聲。那正是新商品成功的大好機會。

從產品開發模式轉為顧客開發模式的海爾

PayPal 跟 Documentum 進行的不是「商品開發」，而是利用新商品與新服務進行「顧客開發」

PayPal 開發的顧客是過去並不存在的電子支付服務使用者。Documentum 也是利用過去並不存在的文書管理系統，成功開發了需要申請新藥核准的客戶。成功的新創事業都會開發新的顧客。

在日本的家電製造商疲軟不振時，中國的家電製造商海爾（Haier）持續成長。海爾的張瑞敏執行長（CEO）貫徹消費者中心主義。

海爾向 Panasonic 收購了三洋電機的生活家電部門，據說從三洋電機轉任過去的產品開發工程師接受了這樣的指導：

「你不是在開發產品，而是在開拓市場。」

在海爾，所有開發工程師一定都會收到這樣的訊息：「你的工作是要正確地掌握消費者的需求，以求開拓市場」。據說其開發工程師會跟業務員一起接觸市場，致力於瞭解消費者追求什麼。

產品開發模式與顧客開發模式

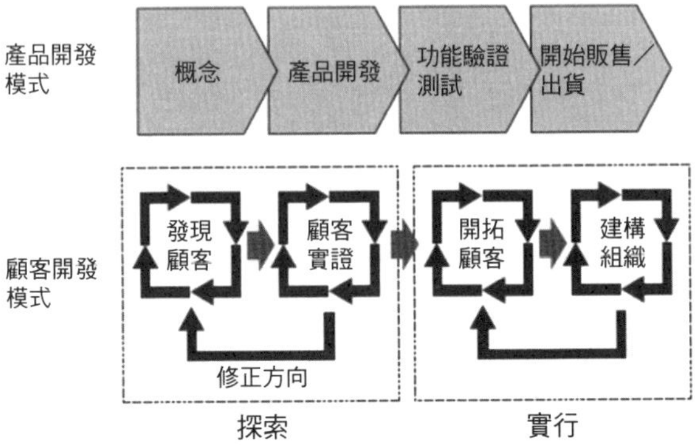

（引用自日本文翔泳社出版之《創業家的教科書〔新裝版〕※》，並作部分修改）

就像這樣，在現代，讓新產品能獲得成功的方法論大有改變。

企業必須從根本重新檢視從前產品開發的作法。

以常識來說，產品開發的程序為①概念發想、②開發產品、③完成功能驗證測試後將產品出貨④開始販售。

但是這種程序有一個根本性的問題。那就是沒有確認顧客是否真的會購買。

史蒂夫・布蘭克（Steve G. Blank）在矽谷獲稱為傳說等級的創業家，他提倡「顧客開發模式」。

首先要思考商品概念，並確認是否真的有顧客需要該商品，將那些顧客找出來。接著要徹底驗證該商品是否能滿足顧客的需求。只要有問題，就要重新檢視商品概念。如此反覆下來，就能在較早的階段改良出顧客認為有價值的商品。實際證實商品符合顧客需求後，就要開拓更多的顧客，並建立必要的體制。

賣米而非電子鍋的愛麗思歐雅瑪

日本企業也有類似的案例。

「米類銷售」這個業界，無疑已發展至成熟期。

不過業種迴異的愛麗思歐雅瑪跨足這個業界，且逐漸成長壯大。

在店面販售的白米，都是糙米經過精製後除去糠的狀態。但是除糠以人類來比喻，就跟皮膚遭到剝除一樣。白米直接接觸到空氣就會逐漸氧化，使品質惡化而變得難吃。雖然可以購買糙米，要煮飯之前再用家用碾米機脫殼，如此就能吃到美味的白米，但是這樣又太費工夫。所以一般家庭不會這麼做。

實際狀況是米生產者將精製過的米，以一公斤多少的價格戰去銷售，買方則以

※《The Four Steps to the Epiphany》，史帝夫・布蘭克著，英語書名翻譯為《頓悟的四個步驟》。

五公斤或十公斤為單位，一次買好一個月所需要的分量。結果米就會在家裡持續氧化，導致味道變差。

其實米可以變得更美味。據說比起用十萬日圓以上的高級電子鍋煮高級米，用普通電子鍋煮新鮮的普通米還比較好吃。

於是愛麗思歐雅瑪先以一定的價格，向米生產者買下所有的米。

然後打造低溫工廠，用來直接保管糙米，再依據需求精製一定的量。接著分裝為三杯米（四五〇公克）份量的小包裝，並放入脫氧劑出貨。由於各家庭是在煮之前再開封，所以能享用到米剛輾好一般的美味。

愛麗思歐雅瑪也在銷售方式上下了工夫。對零售店來說，米曾經是他們不太想賣的商品。五或十公斤包裝的米頗占空間，賞味期限也短。所以愛麗思歐雅瑪改成輕量的小包裝，賞味期限是一五〇天，讓米變成能吸引店家販售的商品，方便在店面銷售。多虧了這種作法，讓永旺（AEON）與伊藤洋華堂也開始上架販售。

愛麗思歐雅瑪用這種方式，創造出「想用普通電子鍋煮美味白米」這樣的新顧客。

歷史悠久業界才有的大規模商機

據說愛麗思歐雅瑪的大山健太郎會長（當時為社長），發現銷售效率不佳的賣米事業「非常有潛力」。大山會長在其著作裡如此敘述：

「我們只要持續消除顧客的不滿就好。即便生活幸福，也會生出某些不滿。我們只要用顧客可以接受的價格，提供能解決那些不滿的商品或服務即可。」

一個業界充斥舊習而低迷不振，其顧客也會有嚴重的困擾。那種地方，才藏有巨大的機會。

我們非常不瞭解顧客。

所以必須時時謙虛、無厭且持續地向顧客學習。

因此不可以打從一開始就瞄準大市場。

我們要以小市場為目標，鎖定顧客的困擾，創造出「購買意願極高」的顧客。

POINT

鎖定顧客切身的困擾，開發顧客吧！

第17節　不要想賣給所有人

該鎖定哪種客人？

我在前面的第十六節說「要鎖定特定顧客」，但也有許多人認為「實際上很困難」。

「如果店內禁菸，客人就會大量減少。這該怎麼辦才好？」

居酒屋的店長村田正在煩惱店內該不該禁菸。

由於我不抽菸，所以就覺得「應該要馬上禁菸」，可是事情似乎沒有那麼簡單。

日本一九六五年的成人吸菸率為男性八二％、女性一六％；到了二〇一七年，竟然變成男性二八％、女性九％（JT市調）[1]。現在「討厭吸二手菸」的人，遠遠比「想抽菸」的人更多。

另一方面，若只看居酒屋、酒吧與小酒館，吸菸顧客的比率竟然有五四%，超過半數（富士經濟市調）[2]。

居酒屋來店的客人有一半以上為吸菸者。

二〇二〇年四月，日本開始施行《健康增進法修正案》，其中也包括被動吸菸（二手菸）的對策。

村田這種小規模的店鋪，要是表示店內「可吸菸」即不屬於管制對象[3]。村田不得不從「全面吸菸」與「可吸菸」之中擇其一。

這讓他極為煩惱。

為什麼田中炸串與麥當勞決意全店禁菸？

在這樣的狀況下，田中炸串決定自二〇一八年六月起全面禁菸。

---

1 Japan Tobacco，日本菸草產業股份有限公司。
2 Fuji Keizai，日本市調公司。
3 依據日本《健康增進法修正案》，符合特定要件的小型居酒屋可自行決定是否禁菸；若不禁菸，也可選擇要全面吸菸或可吸菸（設置吸菸室）。

由於全面禁菸，據說該月的既存店營收比前年同期減少了二・九％，不過來店的顧客增加了二・二％。雖然上班族與男性顧客減少，但是家庭客卻增加了。因為孩童與未成年人不會點酒，所以客單價減少了五％，不過公司方表示「顧客數量減少為預料中事，這結果並不壞」。此外，實施禁菸後家庭客群增加，原為淡季的冬天，顧客數量也有所增長。

原本公司內也產生了意見分歧，一派認為「可飲酒的場合豈能禁菸」，另一派則表示「客人可以帶小孩來店」。在這種情況下，田中炸串決意全面禁菸的目的在於「想成為家庭客能安心造訪的店」，藉此培養出未來的顧客。小時候吃過的料理會留在心裡。田中炸串思考自己要成為什麼樣的店，並為了十年之後的未來而捨棄吸菸客、選擇家庭客，下定決心要全面禁菸。

日本麥當勞也於二〇一四年八月時公告要全面禁菸。在二〇一四年至二〇一五年之間，日本麥當勞的營收銳減三成，並在這樣的狀況下公開發表要全面禁菸。

吸菸者強烈反彈。許多專家也指出「便宜方便的麥當勞對吸菸者來說是很珍貴

因為想「賣給所有的顧客」，所以賣不出去

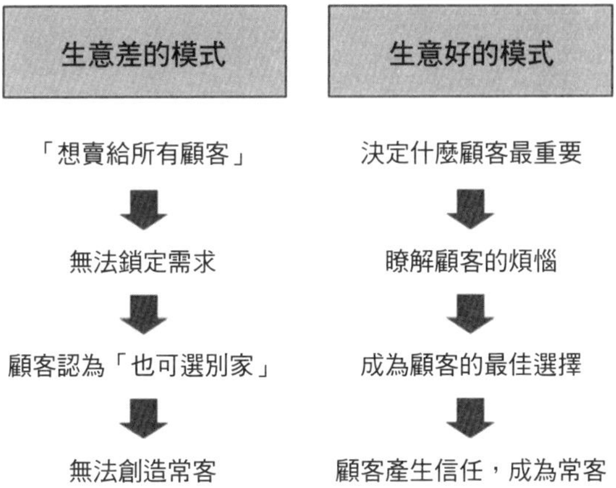

的地方。這樣一定會導致顧客大幅減少」。當業績低迷不振，煩惱的店家應該會認為「即便不多，也要確保現有的顧客留下」。不過日本麥當勞卻刻意決意要全面禁菸，這是他們弄清「最重要的顧客是誰」的結果。

其實麥當勞店內有著各式各樣的顧客。西裝筆挺的商業人士、主婦群、悠閒輕鬆的老年顧客、開心玩電動的女高中生以及閒聊的男大學生。

乍看往往會讓人以為「麥當勞的顧客，等於世上所有的消費者」。

不過日本麥當勞鎖定的目標客群是「母親」。

二〇一五年的年初，身為日本麥當勞執行長而擔負重建責任的莎拉·卡薩諾瓦

（Sarah L. Casanova）如此說道：

「母親擁有標準最高的眼光，我們要透過這樣的眼光取回品牌信任。」

會前來麥當勞的母親，從國高中時期就非常喜歡麥當勞，也會在麥當勞度過放學時光，其中也有許多在麥當勞打工過的人。她們現在也會帶著小孩造訪麥當勞，與同為媽媽的朋友閒話家常。對麥當勞而言，她們是終生熱愛這個品牌的極重要顧客。另一方面，身為母親的她們也「不想讓小孩吃到不對的食物」。

因此經營高層認為「母親的眼光最為嚴厲，只要取回她們的信賴，就能使品牌重生」

要取回信賴，就要先瞭解對方。

卡薩諾瓦執行長行遍日本所有四十七個都道府縣，與她們反覆對話後，確信她們追求的是麥當勞原有的強項：「美味的商品」、「簡單易懂的價格」、「具吸引力的菜單」、「舒適的門市環境」。當時顧客認為麥當勞的這些條件都已經惡化，使麥當勞的經營狀況陷入低迷。

於是麥當勞進行了門市改裝、食品安全資訊透明化、菜單內容更新等種種措施，全面禁菸則是其中一項。為了打造出眾母親能安心造訪的門市，全面禁菸是自然的趨勢。之後麥當勞的業績透過這些作法重新復活。

有非常多人都跟開頭的村田一樣，心想「自己想要賣給所有的顧客，所以得回應顧客的多種要求」。這是非常大的錯誤。想要賣給所有的顧客，就無法鎖定顧客需求，如此一來就會變得平凡，客人也會認為「還有其他選擇」而不會成為忠實顧客。

商家與企業必須採取相反的手段，徹底地鎖定某種顧客，並深入瞭解他們需要什麼，再加以回應。

受訪的消費者選擇了與訪談結論不同的商品

開發商品時也一樣。

有許多人會想要瞭解廣泛顧客的意見。

理解顧客雖然重要，但若只是聽取意見，並無法深入理解顧客。

有一間餐具製造商認為「只要問家庭主婦想要什麼樣的盤子，做出來理應能大賣」。於是便找來數名主婦進行討論。

主婦們的結論是「想要時髦帥氣的黑色方盤」。

訪問結束後，負責人告訴她們「為了感謝各位，請大家從餐具樣品裡挑一個喜歡的盤子帶回去」，沒想到所有的人都選了白色圓盤。

負責人問「為什麼要選擇那個盤子」，主婦則回答：

「家裡的盤子都是圓盤。」

「我家的餐桌是木桌，所以適合搭配白盤子。」

就算訪問了顧客，顧客實際會購買的商品也與訪問內容不一樣。

負責人應該很想說「既然如此，那就講清楚啊！」

不過人本來就是這樣的生物。

應該有許多人在高級餐廳用餐的時候，即便心裡認為「味道說不上是好吃」，但是主廚來問「味道如何」時，又會微笑著回答「非常好吃」。人不會想要刻意說出招人討厭的話。自己不知道味道哪裡有問題，同時也沒有回答的義務。

消費者訪談的提問並沒有鎖定顧客的困擾，向不特定的多數人詢問廣而淺的意見，無法挖掘出顧客抱有的問題。

就算鎖定「主婦」或「上班族」這樣的族群進行訪問，他們抱有的問題也因人而異，無法深入挖出顧客真正需要解決的問題。

關注三人意見而大賣的花王飄雅洗髮精

那麼該怎麼做才好？

商品熱賣的提示，就在大多數人都還沒察覺到的少數意見裡。

企業要捨棄大眾顧客，停止廣泛低淺的問法，徹底地瞭解小眾顧客。

一九八七年創刊的料理類雜誌《萵苣俱樂部》，以「認真用心的生活」為概念，在過去獲得非常關心飲食的勤勞主婦支持，銷量相當好。

但是近幾年的銷量低迷不振，已經減少為鼎盛時期的五分之一。

於是他們選了八名讀者，用 LINE 或面對面聚會等方式徹底問出其真心話，然後這些讀者提到了對丈夫的不滿、欠債、不孕等等，一個接著一個地說出人數少才說得出口的煩惱與真實心聲。

現在的讀者跟創刊當時不一樣，不只職業媽媽（上班族媽媽），連家庭主婦也都「想辦法確保自己有購物的時間」。

她們追求的不是「認真用心的生活」，而是「盡量讓自己輕鬆，享受每一天」。

也就是說過往的雜誌內容，與現代讀者的真實心聲有著很大的隔閡。靠表面上的讀者問卷調查或短時間訪問，都無法得知這種真話。

唯有徹底持續詢問，才能引出少數讀者的真心話，《萵苣俱樂部》在二〇一七年三月從雙週刊改為月刊，他們藉此機會將概念換新，改為「免思考、無煩惱。讓你的生活更加輕鬆愉快」。

比方說暑假的懶人料理特輯就寫著：「熱炸了！把煮飯時間減半吧！」、「這麼簡單也算是烹飪嗎？」從前視為禁忌的離婚與無性生活也成為選題。

結果《萵苣俱樂部》連續三期都銷售一空。二〇一八年上半期的發行量拉下對手《ORANGE PAGE》，登上料理類雜誌的首位。

少數意見創造出極熱門商品的案例還有很多。

曾在花王擔任會長的尾崎元規先生，在一九八〇年代時為品牌經理，負責的項目為洗髮精。當時日本開始流行在早上洗頭髮，並稱之為「朝シャン（a-sa-shan，晨間洗頭）」。花王在某個調查裡詢問顧客對洗髮精的期望，結果五百個意見中有少少的三個意見是「想讓頭髮變輕」。

需要的是觀察顧客

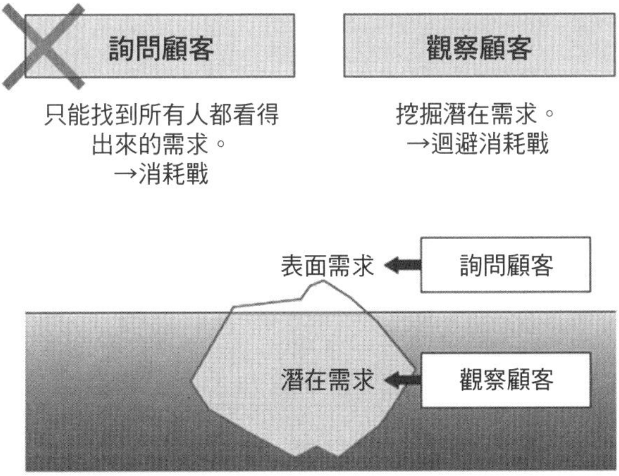

一般都會忽略這樣的少數意見，不過尾崎先生很在意「讓頭髮變輕」的這種講法，他與開發部門一起研究後，得知皮脂與造型產品確實會導致頭髮變重。

他認為「要是有能夠讓頭髮變輕盈的洗髮精，就會大賣」，於是花王開發了每天早上洗也不會傷害髮質又能讓頭髮變輕盈的「飄雅洗髮精（Pure Shampoo）」，開賣之後造成轟動、極為暢銷。

能從占大多數的普遍意見中得到的資訊，對手也早已得知。那些都是表面需求，所以企業往往會與對手陷入消耗戰。

能讓商品熱賣的提示，就藏在大多數人都尚未察覺到的潛在需求裡。

換言之，表面需求就是能在海上看見的冰山一角。

潛在需求則是冰山在海中的巨大團塊，實際上相當地龐大。徹底鎖定特定的少數顧客後，要與之對話，讓他們說出內心深處的真實煩惱。只要能掌握這些煩惱，就能挖掘出其潛在的需求。然後再藉由回應這些潛在需求，讓其他顧客也認為「這是別家沒有的商品，我想要」，進而成為熱賣商品。

設計思考受矚目的真正理由

最近備受矚目的「設計思考（Design Thinking）」，是一種能用來尋找潛在需求的方法。

所謂設計思考，不是用來創造蘋果那樣酷炫的商品。這是將設計手法改良成解決問題的方法論，以此追求創新。

設計思考的出發點是「顧客無法說明某樣商品何處不好」。所以設計思考的目的，在於挖掘沒人注意到的潛在需求，創造出前所未有的事物。設計思考重視的是創意。

但若只是一直苦思惡想，也無法想出好點子。

所以我們要前往實務現場，實際地「觀察」顧客。

面對活生生的顧客，我們要用自己的眼睛去看、用耳朵去聽，觀察顧客因什麼而感到困擾，又是如何使用商品，然後再以創意為核心去試作商品，並確認該商品是否真的對顧客有益。用這樣的方式挖掘出潛在需求後，就能夠開發出顧客想要且前所未有的商品。

靠設計思考大獲成功的華沙飲料公司

之前電視播出設計思考特輯，節目介紹了華沙（Warszawa）的飲料公司，看了之後我心想：「設計思考出乎意料的簡單。說不定我們自己就做得到……」

他們想要在當地的車站賣飲料給乘客，為了找到能熱賣的啟示，他們展開了觀察。

在車站現場觀察之後，他們發現固定的模式。

在電車到站的數分鐘之前，會有幾位乘客先看向飲料店，再看看自己的手錶，之後就一直看著月台前方。

於是這間公司就製作了飲料櫃的原型，在上面裝設了大而顯眼的時鐘。

結果銷售額急速上升。由於飲料店裝設了時鐘，所以乘客就能知道「自己可以在電車到站前買到飲料」。

就像這樣，設計思考的流程是觀察顧客、產出創意、製作原型、加以驗證。其根本思維為「所有人都擁有創造性」。

如同前面介紹的主婦購盤訪問，即使顧客在訪問時回答「會買」，實際上卻幾乎都不會買。

企業需要的是「顧客真的會付費」這樣的鐵證。

企業必須找出顧客「願意為了解決而付費」的問題，並製作出該些顧客「無論如何都想要」的商品。只要能讓他們購買，商品就會開始大賣。

而且只要他們買了，商品就能觸及更多顧客。

這一切的起點就在於觀察顧客。

創造機會讓員工直接接觸使用者

「這樣啊，原來觀察顧客很重要。那我就叫屬下『多多觀察客人』吧。」

或許某些主管會有這樣的想法，但這是不負責任的作法。因為就算主管下了這樣的指示，幾乎所有的屬下都不會改變一直以來的行動方式。

有一間中小企業，一年會讓員工分工訪查使用者一次。員工會分成兩人一組的小隊，花費半天的時間，徹底調查現有的使用者如何使用商品。這間公司建立了以下機制：每一年，每一個小組都要訪查十個使用者，接著在所有員工都會參加的會議裡報告結果，確實地讓大家共有這些資料，再加以討論。透過這樣的作法，他們挖掘出連使用者自己都沒有察覺到的真正問題，並運用在接下來的商品開發上。

主管的工作就是打造「讓屬下前去觀察顧客並學習」的機制。

這種機制能夠創造出顧客認為「非買不可」的商品。

POINT

在現場觀察少數顧客，打造出能滿足潛在需求的解決方案。

第18節　仿效暢銷商品不會大賣，但也有方法能夠勝出

行銷巨人提倡的「追隨者策略」已經過時了嗎？

家電量販店的吸塵器販售區，還擺了許多各式各樣的掃地機器人。我調查後得知那裡有超過十間公司的掃地機器人。不過在日本國內，美國iRobot公司的Roomba市佔率為七〇％（二〇一八年），獲得壓倒性的勝利。剩下的三〇％才由十間公司以上的公司分食。

iRobot並非家電製造商，而是以機器人技術為賣點的公司。該公司最初開發的是賣給美軍的除地雷機器人。在一九九〇年的下半年，某間公司委託「可以做出清掃機場用的機器人嗎」，iRobot便想「只要運用除地雷機器人的技術，應該就能開發出家用的掃地機器人吧」。然後iRobot就在二〇〇二年開始販售Roomba。在那之後，他們每年反覆改良，成為開創掃地機器人市場的先驅。可是

為什麼跟在 Roomba 後面做了掃地機器人的十間公司，全部加起來也敵不過iRobot?

跟隨 Roomba 的商品模仿行為，也是名為「追隨者策略（follower strategy）」的出色戰略。

iRobot 是支配市場的「市場領導者（market leader）」。這樣的結果源自 iRobot 開發了 Roomba 這種前所未有的新商品，開創市場並承擔風險。新商品不知是否能夠成功。雖然這是高風險、高回報的世界，不過承擔此風險的回報為成立新市場並成為市場領導者，獲得最高市佔率。

追在市場領導者後面並加以模仿的便是「追隨者」。追隨者採取的策略叫作「追隨者策略」。追隨者不需要背負開創市場的風險，所以有非常多的企業會選擇當追隨者，模仿那些暢銷商品。Roomba 創造出掃地機器人的市場，而加入該市場的十間公司，就是採取了那種追隨者策略。

獲稱為「行銷界巨人」的希奧多・李維特（Theodore Levitt）在論文裡如此敘述：「追隨者策略也能產出與產品創新策略同等的利益。」但是乍看低風險的追隨者策略還是有風險。對手會蜂擁加入市場，所以無法迴避激烈的競爭，而且無法超越市場領導者。

李維特的這篇論文寫於一九六六年，至今已超過五十年。追隨者策略在現代的風險已更進一步地擴大。

因為商品的賞味期限變短了。

日本的中小企業研究所在二〇〇四年有一份調查熱門商品壽命的報告。一九七〇年代，一半以上的商品都有五年以上的壽命；二〇〇〇年代初期則變成兩年以下；在那之後又過了十五年的現代，理應變得更短。

「產品生命週期」在五十年內縮短為五分之一

為什麼熱門商品的賞味期限變短，追隨者策略的風險就會增加？

在此我想要先介紹產品生命週期（product life cycle）這種概念。新商品誕生後，就會經過以下的循環逐漸滲透市場。

導入期：產品被導入市場並慢慢成長。無利潤，尚為赤字。

產品生命週期

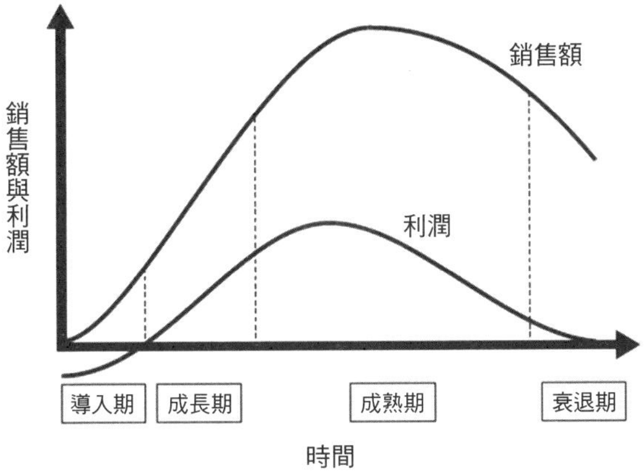

成長期：產品為市場所接受，開始急速成長，利潤增加。

成熟期：多數消費者都已接受該產品，成長告一段落。競爭變激烈。

衰退期：銷售額與利潤都開始下降。

在現代，這種產品生命週期已經變短。

粗略來說，在一九七〇年代之前，商品從成長期至成熟期會花上五年。就算模仿熱門商品要花上一至兩年，也能在成長期時將商品投入市場。而且具備銷售力的公司，還會運用強大的銷售網絡將模仿的商品賣出。追隨者策略在過去實為有效。

現在從成長期發展至成熟期的時間短了非

常多，有時只需要一年。

如果企業用過往的節奏去開發仿效商品，商品投入的時間點就會是競爭激烈的成熟期或市場萎縮的衰退期，沒什麼商業油水可撈。

所以追隨者現在得在短時間內模仿熱門商品，但這是很困難的事。即便好不容易追上了，對手也已有更進一步的發展。事實上，Roomba 的性能每年都會持續改善，總是走在對手的前面。

追隨者就像是在拚命追趕全程馬拉松中提前一小時起跑的對手。

在現代，追隨者策略成功的可能性頗小。

就算努力追到了，也無法安心。

建立市場並獲得成功的商品，會成為市場裡具代表性的品牌。

顧客想要購買「掃地機器人」的時候，會先想到「買 Roomba 吧」。

另外，大家也會把宅配服務稱之為「宅急便」。不過「宅急便」可是大和運輸（Yamato Transport）的註冊商標。大和運輸開拓了宅配市場，讓「宅急便」成為宅配服務的代名詞。顧客想要「寄送物品」時，最先會想到的便是「黑貓宅急便」。

企業無法靠追隨者策略超越市場裡具代表性的品牌。

網路類服務的競爭更是激烈，先驅者壓倒性地有利。

雅虎日本開始經營「Yahoo! 拍賣（Yahoo! Auctions）」後，全球最大的拍賣服務eBay晚了五個月才加入日本市場。

這五個月的延遲為致命關鍵。

eBay 敵不過 Yahoo! 拍賣，一下就從日本撤退。

在拍賣服務中，提供競標品的賣家與得標買家多的服務平台，擁有壓倒性的優勢。

在 Yahoo! 拍賣已經擁有許多使用者的時候，eBay 卻才剛剛起步，使用者數為零。這個時候想要進行拍賣的人，就會選擇 Yahoo! 拍賣。連全球拍賣龍頭 eBay 都無法挽回遲了五個月的劣勢。

不過之後智慧型手機快速普及，Mercari 一口氣擴大發展，Yahoo! 拍賣也因而落後。現在只要說到 C to C 交易（個人對個人交易）平台，就會想到 Mercari。

Google靠追隨者策略成功

就像這樣，追隨者策略在現代獲得成功的可能性變得很小。

但是追隨者策略有時也能發揮效果，那就是先加入市場的商品栽跟頭的時候。

第一個轟動全球的網路搜尋引擎並不是Google，而是AltaVista。我清楚記得一九九五年AltaVista出現時，我試用後備感驚奇：「好厲害！AltaVista可以簡單搜尋全球的網頁！」

隔年的一九九六年，當時在史丹佛大學修習博士班課程的謝爾蓋．布林（Sergey Brin）與賴利．佩吉（Larry Page）開發了Google的原型，並在一九九八年創立Google。

在變化快速的網路世界裡，Google竟然是第十三個問世的後起業者。

那麼為什麼Google明明晚起步卻大獲成功，AltaVista則落敗？

AltaVista是名為DEC的電腦製造商所開發的服務，當初的目的是為了展現其伺服器的性能。DEC並沒有給予AltaVista足夠的投資。比方說AltaVista剛問世時，一搜尋就能馬上找到自己要找的頁面。但是半年過後，搜尋到的都是毫無關聯的網頁，搜尋的精確度惡化到無法拿來使用。

Google 則是專門從事網路搜尋服務的新創企業，且持續精進技術、提升搜尋精確度、改善使用者搜尋時的便利性。雖然晚起步，但是 Google 用技術力一個一個地追過對手，最後終於一躍成為網路搜尋的龍頭。

我再介紹一個案例。

攜帶式音樂播放器的先驅，是一九七九年發售的索尼Walkman（隨身聽）。二〇〇一年才出現的蘋果 iPod 晚了非常多年。

另一方面，當時透過網路使用的數位音樂才剛剛問世。在網路上違法提供音樂的新創公司也開始出現。

於是蘋果與音樂公司商談，為 iPod 準備了 iTunes 服務，讓 iPod 可以用網路提供授權音樂。索尼自己擁有音樂公司，但是在音樂著作權方面，卻無法跳脫傳統授權方式的窠臼，沒有打造出 iTunes 那樣的機制。

索尼無法打造出提供數位音樂的機制而陷入兩難困境，在索尼停滯不前的時候，蘋果趁此機會成了數位音樂的霸主。

像 AltaVista 與索尼那樣，當先起步的對手發展停滯，或者完全沒有產生新變化，追隨者策略也就能獲得成功。易言之，跑全程馬拉松時，即便對手提前了一個小時起跑，只要對手步行或休息，追隨者就能夠超越之。

POINT

如果想要模仿熱門商品，就一定要超越對方。

第19節　單靠新奇感無法長銷

屍橫遍野的透明飲料

二〇一八年時，透明飲料的風潮席捲日本列島，我至今記憶猶新。日本廠商將褐色的可樂、琥珀色的啤酒，還有咖啡與紅茶，都製成了透明的新商品，一個接著一個地上市發售。理所當然帶有顏色的飲料變得透明，實在相當新奇，也非常具有震撼性。各家媒體也製作了「透明飲料風潮來襲」的大篇幅特輯。

但是過了一年後的二〇一九年，透明飲料已經很少見了。

我在透明飲料風潮正盛的時候，心想要勇於嘗試，便試著喝了「Coca-Cola Clear（透明可口可樂）」。

雖然帶有一點檸檬的風味，不過喝起來就是可樂的味道。我光是聽見「可樂」這個單字，就會立刻聯想到焦糖色與些微刺鼻的獨特味道。「明明是透明的，卻有可樂的味道」，這種反差感讓人覺得新鮮。據說可口可樂公司在製造時並未使用焦糖色素，讓這種可樂呈現出透明的顏色。雖然名稱裡有可樂這幾個字，但宛若不同的商品。

我還嘗試喝了透明的無酒精啤酒。

這種商品也一樣，喝起來就是啤酒的味道，同時也有啤酒的香氣。此外還帶有檸檬的風味，感覺很像氣泡水。據說這款商品減少了麥芽的用量，在香料上也下了工夫。這也一樣，與其說是無酒精啤酒，更像是別的飲品。

另外甚至還有透明的茶與拿鐵。

市面上竟然連透明的醬油也有。

將理所當然會有顏色的飲料改為透明無色，確實會讓人感到十分震撼。該些企業恐怕都投入了各種最新的技術，並且在商品開發上一擲千金，才得以製作出這樣的商品。

可是我喝過各種透明飲料後，卻下了這樣的結論：「我應該不會再喝了吧。」

以營利事業來說，透明飲料的表現究竟如何？

日本經濟新聞調查了透明飲料發售後的銷售額變化。根據該資料，調查對象為四六〇間超市，每一千位來店顧客的購買金額變化如下：

「Coca-Cola Clear」的狀況

- 六月十一日一週（發售）　一千二百九十四日圓（一般可樂的2倍）
- 六月十八日一週　降至半額以下
- 七月　降至六分之一

「朝日透明拿鐵from美味水（ASAHI Clear Latte）」

- 五月七日一週（發售）　四百二十八日圓
- 之後至七月二日當週，連續八週下跌。減少至五十日圓

由資料可得知甫發售時，這種商品因新奇而備受矚目，顧客雖然會購買，但是不會產生回頭客，新鮮感消失後人氣便下降。

商品需要的並不是靠新奇感引發話題，而是需要獲得消費者接受，並持續銷售出去。

為此，重要的是要讓顧客固定購買，成為回頭客。

要是沒有回頭客，新商品就會在不知不覺之間消失。

應當有顏色的飲料變得透明，確實令人感到新鮮驚奇，震撼感也很強烈。但也不過如此而已。光靠新奇並無法賣出商品。

顏色也是品牌價值的一部分

品牌說到底就是一種對顧客的約定。

喝了透明飲料後，我再次實際體會到「顏色」也是品牌很重要的一部分。品牌不只有「標誌」跟「設計」。

是消費者的種種體驗，集合起來創造了品牌。例如商品的包裝、形狀、觸感、感官刺激（sizzle）、味道、氣味。除此之外，顏色也是品牌的一種重要要素。

我們喝可樂時會看到那種焦糖色，並且會聞到可樂有一點點刺鼻的獨特味道，這些感覺讓我們實際體會到「我現在正在喝可樂」。

可口可樂在一九八五年時發售了新商品「新可樂（New Coke）」。

當時對手百事可樂在市佔率競爭中追了上來。百事可樂在「百事挑戰（Pepsi challenge）」這個宣傳活動裡，遮住消費者的眼睛，讓他們進行味覺測試，藉此告訴大家「百事可樂比較好喝」。產生危機感的可口可樂認為「必須發售新口味的可樂」，於是便對二十萬人進行了味覺測試，將過去的可口可樂變成嶄新的「新可樂」並發售之。

不過粉絲的抗議蜂擁而至，他們認為自己喝習慣的可樂味道被奪走了。甚至還有人發起拒買運動。不得已之下，可口可樂讓從前的可樂以「經典可口可樂（Coca-Cola Classic）」之名復活，受到消費者的狂熱歡迎。銷售額竟然還突破新高。

說來諷刺，新可樂的失敗讓消費者重新認知了可口可樂的品牌價值，結果加強了消費者對品牌的愛。還有人提出陰謀論，認為「新可樂的失敗搞不好是可口可樂精心設計的計謀」。

可口可樂的味道，對品牌而言是不可或缺的一部分。

同樣的，可樂的焦糖色也是可口可樂品牌重要的一部分。

不只可樂，我們喝啤酒時，也會看到那種琥珀色，聞到麥芽的香氣並嚐到微苦的滋味，實際感受到「自己在喝啤酒」。

紅茶與拿鐵也是一樣。

喝過透明飲料後，我才再次體會到那種焦糖色、琥珀色、拿鐵的乳白色以及紅茶色，都是品牌體驗重要的一環。這些顏色變得透明之後，就會讓人感覺不自然。

請各位想像看看。

如果有人端了一碗透明的液體到你面前，上面還浮著大約十個透明的小小四角塊狀物，並說：「這是新開發出來的透明味噌湯。」

其味道與香氣確實就是味噌湯，那些四角形的透明物體也有豆腐的味道。

你能好好品味這種味噌湯嗎？

應該會有很多人覺得「有點怪怪的」，或認為「那不是味噌湯」。

縱使味道與香氣都是味噌湯，但是一變得透明，就好像變成了不同於味噌湯的另一種東西。我們品味到的「味噌湯」美味，也包含味噌的顏色在內。

另一方面，市面上也有一直以來都常駐架上的透明飲料商品。

雪碧與三矢蘇打汽水，就是從以前就有的老牌透明飲料。應該有很多人能馬上想起「雪碧是這種味道」、「三矢蘇打汽水的話，則是那種味道」。

雪碧與三矢蘇打汽水，都是以透明的顏色與自有口味形成品牌。

要提供什麼樣的顧客體驗？

一般認為引發二〇一八年透明飲料風潮的關鍵，是二〇一五年發售的三得利「Yogurina & Suntory天然水（三得利優格風味天然水）」。

Yogurina 剛發售時，我曾經將之誤認為礦泉水的「天然水」而購買。我以為那是礦泉水，喝了卻發現是乳酸飲料的味道。我清楚記得我當時非常驚訝。我直到現在都還能想起那個味道，該味道已經留在我的記憶裡。

在寶特瓶飲料裡，像乳製品一樣濃醇又酸酸甜甜的飲料就只有可爾必思，替代品很少。三得利將 Yogurina 培養成這類商品的招牌品牌。

順帶一提，在一九九〇年代時，三得利也曾用「Yogurina」這個名字推出別的商品。之後三得利才用透明飲料「Yogurina」重新挑戰。這種做法源自三得利「放手去做」的旺盛挑戰精神。

除了透明飲料，還有許多商品都是推出時以新奇為賣點，但不知不覺就從市面上消失。

例如3D電視曾在某個時期，佔據家電賣場的一大片銷售區。其賣點是「戴上3D眼鏡後，畫面就會變立體」。但是顧客沒有想看3D影像到願意戴著3D眼鏡。

根據顯示研究公司（DisplaySearch）的調查，二〇一二年時，3D電視的銷量成長至四一四五萬台，但是之後就轉為衰退，二〇一七年時所有製造商都退出此領域。3D電視的狀況也一樣是製造商忽略顧客的意見，由企業自行主導開發，以新奇為訴求但卻以失敗收場。

Coca-Cola Clear失敗之後，日本可口可樂在二〇一九年六月發售「Coca-Cola Clear Lime（透明可口可樂萊姆口味）」。這種可樂不只是透明，還刻意製成萊姆口味。不愧是可口可樂，縱使失敗也會學取教訓、再次出發。希望他們能獲得成功。

總之，只憑著新奇感購入商品的顧客很快就會厭膩，然後就不會有人購買。
企業不該追求一時的新奇感，必須創造出不會膩的顧客體驗。

POINT

不要創造只能維持一時的新奇感，
而是要創造出嶄新的顧客體驗。

第20節　反常識商品能大賣的理由

靠機器人服務而大受歡迎的「海茵娜飯店」

從前我在飯店想要退房時，看到大廳大排長龍。

等了約十分鐘終於輪到我。將房間鑰匙與信用卡交給服務人員後，對方向我確認「您是永井先生對吧」，接著就匆忙地操作電腦或確認文件，花費時間為五分鐘。退房合計花了十五分鐘。

「飯店服務要由人誠心鄭重地提供」，這是常識。

但是，若論這種常識是否真的正確，可質疑的地方倒也頗多。

與之相比，H．I．S經營發展的「海茵娜飯店」[4]則超出了常識的範圍。

賓客從登記入住到退房，幾乎都不會碰到身為人類的工作人員。

櫃台有恐龍或女性機器人負責迎接住宿賓客。客房服務與清潔等各式各樣的服務，則是由機器人進行自動化處理。順帶一提，海茵娜飯店在二〇一五年獲金氏世界紀錄認證為「第一間由機器人擔任工作人員的飯店」。

「飯店還是要由人類來進行接待服務才可以。」

若受常識束縛，往往會有這樣的想法。

海茵娜飯店追求的是極致的生產力提升與獲利性。H・I・S自二〇一五年開始，在豪斯登堡試營運海茵娜飯店兩年。結果如下：

開幕當時：三十名工作人員管理七十二間客房（每人二・四間）

兩年後：七名工作人員管理一四四間客房（每人二〇・六間）

生產力竟然提升了八倍之多。

客房住用率為九成。一般飯店的營業利益率為三〇％，不過海茵娜飯店則高了近一倍。

4 変なホテル，字面意思為怪奇飯店、奇怪飯店，音譯為海茵娜飯店。

其二〇一八年十月的決算報告顯示，H．I．S的飯店事業總營收為一二〇億日圓，營業利益為二一億日圓。據說H．I．S今後的目標是展店一百間，包括在台灣、泰國、越南等海外國家展店，以及其他業態的飯店。

少子化與高齡化使勞動人口逐漸減少，未來也無法解決這種人手不足的情況。既然如此，就讓機器負責機器做得到的事情，這樣比較能避免住宿賓客久候，也能減少賓客的壓力。飯店員工則可以專注於只有人類才做得到的事。

乍看脫離常識的海茵娜飯店，是H．I．S擺脫常識束縛、理性思考後才創造出來的飯店。

然後透過徹底的無人化，提供三．五星級的高便利性服務，結果成功獲得了高獲利的成績。

過往的飯店常識是「若要提供高品質的服務，就需要有人殷勤接待顧客」。不過「海茵娜飯店」從根本重新審視這件事，重新定義飯店。順帶一提，「海茵娜飯店」的日文是「変なホテル」，那個「変（變）」字，據說蘊含了「持續改變」的志向。

所謂「常識」就是已證明順利可行的成功模式。

遵守常識乍看是合理的作法。可是也有非常多的對手，會採用這種過去的成功模式。雖然風險看起來頗低，但是卻會陷入過度競爭。

而且這個世界與顧客都時時在變化。自己認為是「成功模式」的常識，會在不知不覺之間就變成「失敗模式」，這樣的情況並不少見。不如刻意打破常識，創造出新的常識，才能讓熱門商品誕生。

打破禁忌成就熱銷的「TORIDAS」

因打破常識而成為熱門商品的案例不勝枚舉。其提示就在實務現場。

食品機械製造商「前川製作所」的員工，過去到雞肉加工廠交貨時，都會看見加工業者用手工的方式替雞腿肉去骨。加工業者過往都認定「用手去骨是這個業界一直以來的常識，認為還有其他方式是愚蠢的想法」。

覺得這樣「沒有效率」的前川製作所員工，努力開發了自動去骨的機器。

他們給加工業者看做好的機器後，對方便說：「我就是想要這個！」

雖然加工業者過去擁有自動去骨這樣的潛在需求，但是身為顧客的他們受常識

能讓商品熱賣的提示，藏在常識以外的地方

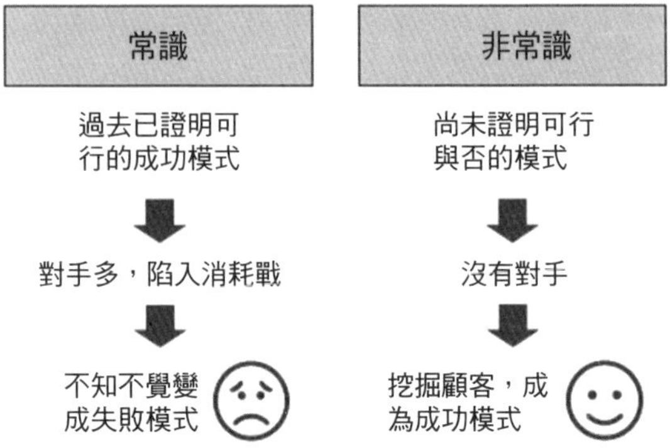

只要能把非常識變成常識，商品就能熱賣

束縛而毫無察覺。前川製作所將開發出來的這個商品，取名為「TORIDAS（雞腿肉全自動去骨機）」，成了熱賣商品。

鎖定沒有競爭對手的「反常識領域」

以男性為目標客群的化妝品製造商Mandom，自十幾年前開始發展以女性為目標客群的化妝品事業。事業的突破關鍵，也是質疑常識。

對女性而言，每晚的卸妝程序相當麻煩。她們要用卸妝產品搓揉臉部，再用水沖乾淨。男人難以瞭解這種辛苦。不過當時化妝品業界的常識是「卸妝要花許多時間仔細地卸」。Mandom挑戰了這個常識。

Mandom在二〇〇六年時發售了「碧菲

絲特（Bifesta）卸妝棉」，此產品是讓消費者光靠擦拭卸妝棉就能卸妝。

其宣傳標語為「累到想馬上睡覺」[5]。

此商品受到許多忙碌的女性支持，連其他公司也開始販售能輕鬆卸妝的商品。對女性顧客來說，「不想費太多時間在卸妝上」是常識，但是化妝品公司卻一直堅持「要花許多時間仔細地卸妝」。這是因為乾脆地說「保養很麻煩」是一種禁忌且有違常識。

Mandom則挑戰這樣的常識，並創造出熱賣商品。

理解常識確實也非常重要。

不過要是覺得常識有哪裡不對勁，那就是一大機會。

當自己直覺認為「這個常識有錯吧」，便可用邏輯去深入思考這種直覺，如此一來就能看到機會。

把禁忌或有違常識的事情變成常識，就能創造出熱賣的商品。

另一方面，打破常識這個行為也具有風險，失敗也屢見不鮮。因此企業必須多

5 廣告的完整涵義為「累到想馬上睡覺的日子，就用碧菲絲特卸妝棉」。

多嘗試，若不順利就要馬上放棄。關於這一點的感想，我寫在本書的「長篇後記」裡。

POINT

讓商品熱賣的提示，潛藏於常識之外。

第 6 章

不要用「賣得出去的價格」賣

第21節 「該賣的價格」優於「賣得出去的價格」

怎麼用超便宜價格入住溫泉旅館

我朋友誇口表示「用超低廉價格住進溫泉旅館是很簡單的事」。

首先要尋找有一點蕭條但有幾間溫泉旅館在的溫泉之鄉。據說有許多生意冷清的溫泉旅館，其溫泉的品質都出乎意料地好。然後自己要先決定好幾個想住的溫泉旅館，並且不要預約，在平日時開車前往該溫泉之鄉，接著在停車場打電話給那些溫泉旅館。

「我剛抵達這裡，現在在找最便宜的溫泉旅館。請問你們那邊住一晚多少錢？」最後住在價格最便宜的旅館。據說只要經過談判，就有可能用便宜得驚人的價碼入住。

日本國內溫泉旅館的數量，增加得比泡沫經濟時期還要多，陷入過度競爭。

「隔壁的旅館有團體客人入住，我們也不能輸。」同一個溫泉之鄉內，有許多旅館會像這樣展開價格競爭。

考慮到找不到旅館的風險，我頗怕沒預約就前往，不過他卻刻意冒這樣的風險以求便宜入住。

旅館與飯店業者總是致力於減少空房。

空房的營收為零。

就算住宿費為一千日圓，只要有客人入住，那天的營收就能增加一千日圓。

接納我那位朋友的溫泉旅館，恐怕是這麼想：「一定要提出客人能接受的價格，讓客人訂房。這樣總比完全沒收入要好。」

於是就有某些旅館跟飯店會在客房快要沒人住之前，用極便宜的價格讓客人入住，以求提升住用率。我的朋友瞭解此機制，所以總是能用非常便宜的價碼入住溫泉旅館。

對旅館而言，該天的營收確實能夠稍微增加。

但是長期來看，旅館只會吸引想要低價入住的顧客。

客房的價格會下跌，營收與利潤都會減少，削減成本後又會導致服務品質低落。

從前有一間飯店也是這樣。該飯店擁有百年歷史，人們視之為「接待國賓等級的飯店」。住宿賓客多為沉穩成人，讓人能夠住得安適，所以我們一家人過去都會在特別的日子入住。可是該飯店從某個時期開始大幅調降住宿費用，飯店擠滿了年輕人以及來自新興國家的住宿賓客，變得頗為吵鬧。人數不多的飯店人員忙進忙出，服務品質下降，沉穩安靜的住宿賓客都消失了。現在該飯店正在整修，希望該飯店能夠恢復以往的服務水準。

用「自己想要的價格」提供客房的星野渡假村

如果飯店業者認為「一定要提出客人能接受的價格，讓客人訂房」，因而降低價格，便會吸引想要低價入住的顧客。

但是只看價格的客人就像我那位朋友一樣，要是有更便宜的旅館，就會改去那間旅館。

另一方面，當飯店的客房價格變便宜、服務變差且氣氛變糟之後，原本因為優質服務而喜愛飯店的優良顧客，就會什麼都不說，默默地離去。

這種狀況不只有旅館或飯店會發生。會在週末舉行特賣的超市，週末時會擠滿衝著特價而來的客人，沒有特賣的日子則冷冷清清。

舉行週末特賣的結果，就是只吸引到以低價商品為目標的客人。商業需要的並不是用「賣得出去的價格」販賣，而是要用自己「想賣的價格」、「該賣的價格」販賣。

那麼該怎麼做才好？

星野渡假村[1]在二〇一九年時，開了名為 BEB5 輕井澤的飯店。BEB5輕井澤一間客房的容納人數為二至三人。瞄準的客群為年輕世代，並以「慵懶放鬆」為概念，目標是讓住宿客人歡聚暢聊，悠閒地度過美好時光。

據說「現在的年輕人都不旅行了」，於是星野渡假村的星野佳路代表，想要挖掘出這樣的需求。

1 星野集團Hoshino Resort，「星野渡假村」為官網的正式名稱。

BEB5提供給三十五歲以下顧客的價格，固定為一間無附餐客房一萬六千日圓。等於每個人付五千至八千日圓。對年輕人來說，這價格跟在居酒屋喝一整晚一樣，感覺很划算。

一般所知的常識是飯店客房的費用會依據淡旺季而有所變化。觀光勝地的飯店，在黃金週或盂蘭盆節連休（譯註：類似清明節）會漲價，淡季會變便宜。BEB5的費用則是固定不變，有別於常識。

追根究柢，飯店之所以會改變客房價格，是因為需求有所變動。

但是消費者對品牌的信任感，源自「這種品質等於這種價格」這樣的關聯。

星野先生認為既然如此，只要提升集客力，讓需求時時都存在，那就不需要改變價格。

例如箱根的高級旅館「強羅花壇」，其住宿費無論淡旺季都一樣。

我偶爾也會在特別的日子入住，那裡的客房內有可以泡源泉溫泉[2]的溫泉浴池。

送到客房內的餐點也很美味，身穿和服的女性服務人員也會提供無微不至的服務。

所以即使強羅花壇的住宿費用高昂，客房也總是訂滿。因為強羅花壇擁有強大的集客力。

星野先生是用 BEB5 測試「住一晚固定一萬六千日圓」這樣好懂的價格，能夠讓年輕世代的旅行需求提升多少。

低價販賣就得決定「要放棄什麼」——藍海策略

若要用低價販賣，就不能只是降低價格，必須要重新檢視成本結構，使商品或服務即使降價也能獲利。

二〇〇八年時在荷蘭阿姆斯特丹開幕的飯店「世民酒店（citizenM）」，用三星級的價格，提供五星級的頂級服務。

不過客房並不寬敞，高級飯店常見的門衛、行李員、禮賓接待員、櫃台，世民酒店全都沒有，也沒有餐廳。不過床鋪為特大尺寸，寢具等物品也採用最高級的材質。飯店也位於交通便捷的地點。辦理入住則採自助式。辦理區隨時都會有工作認

2　從地下抽取或自然湧出的純天然溫泉，不會加工循環再利用。

真且身兼數職的工作人員在，其職稱為「服務大使（ambassador）」。

世民酒店的目標客群並不是一般的住宿賓客，而是帶著電腦或智慧型手機到處工作的旅行常客。

創立者如此說道：「紅海就像是為了飯店業而生的詞彙。無論是五星級、三星級或一星級，都是把服務當作競爭的武器，差別只在於服務的等級。」

所謂紅海，是指競爭對手彼此激烈對戰的市場，如同數隻鯊魚爭食獵物以致遭鮮血染紅的大海。另一方面，沒有競爭的市場則稱作藍海，開拓藍海的策略就是「藍海策略」。

世民酒店用藍海策略，開拓了飯店業界的藍海。

創立者在二〇〇七年蘋果公開發表第一代iphone後，注意到當時帶著電腦行動的「行動公民（mobile citizen）」變多了。

而他們多半下榻於五星級或三星級的飯店裡。

世民酒店徹底詢問他們選擇飯店的基準後得知了理由。

下榻五星級飯店的人是為了良好的地點條件、優質的床鋪與床單、安靜以及良好的沖澡配備。另一方面，五星級飯店一定會有的門衛與行李員則沒有必要。用網路搜尋就能調查附近的資訊，所以也不需要禮賓接待員。因為都在外頭用餐，所以也不需要餐廳。昂貴又要等的客房服務同樣不需要。在櫃台辦理入住相當費時，令人不滿。他們待在客房的時間很短，所以不在意寬不寬敞。

另一方面，選擇下榻三星級飯店的人是因為費用合理，而且他們不喜歡五星級飯店那種拘謹僵化的服務。

就算沒有五星級飯店視為「常識」的行李員、禮賓接待員、櫃台，行動公民也完全無所謂。他們也不在意房間的大小。

若是省下這些，成本就會減少，再將這些成本改花在改善睡眠環境、導入辦理入住的自助系統，就能提升滿意度。也就是說，這樣既可以提升顧客滿意度，還能實現低成本經營。

藍海策略是要查出顧客選擇商品或服務的標準（顧客觀點的競爭要素），與其他眾多對手比較後，明確地確定要「放棄」或「減少」什麼，並思考要「加入」或「增添」什麼，目標是提供與對手完全不同的價值。

如同上圖，三星級與五星級飯店過往至今的差別，都只在於服務等級不同，兩者提供的服務很相似。於是 citizenM 鎖定行動公民這個客群，提供完全不一樣的價

citizenM鎖定行動公民，讓高品質服務與低成本得以並存

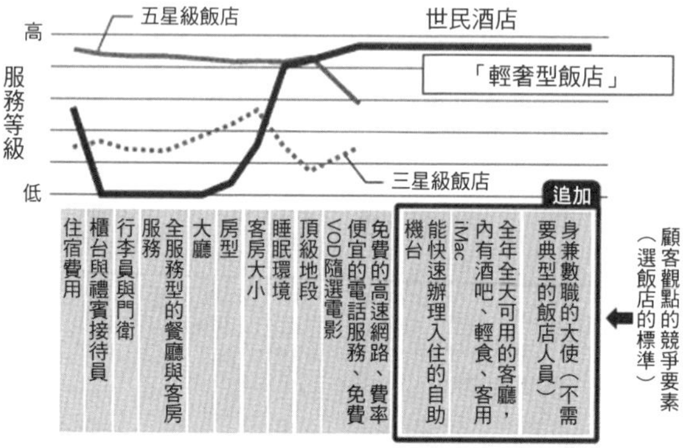

引用自《航向藍海》（金偉燦&芮妮·莫伯尼著，日本鑽石社出版）

值，藉此讓高等級的服務與低成本經營得以並存。

在荷蘭開幕的 citizenM 之後也跨足全球。在觀光業的顧客滿意度排行榜獲得與五星級飯店同等的最高評價。而且每一間客房的成本比四星級飯店減少了四〇%，人事費用也比業界平均費用減少了五〇%。據說其單位面積的收益率，為舒適高級飯店的兩倍。

citizenM 明確決定好目標客群，徹底地改變了成本結構，其結果就是即便壓低了價格，也能獲得高收益。

「如果是這個價格就賣得出去」，這種被動的想法會使企業的經營狀況越來越糟糕。

企業必須先思考「自己想用什麼價格賣」，接著再深入考慮其方法。

POINT

價格要與策略一起思考。

第22節　低價策略遠比高價策略困難

不可用「便宜」當賣點的意外理由

接下來的故事主角，是一位在某間廣告公司工作的上班族。

這個人在西麻布開了一間居酒屋，同時繼續當上班族，但是該店卻赤字不斷。

他把公司給的薪資全都投入居酒屋，可是每個月都持續虧損兩百至三百萬日圓，存款也已經見底。連尾牙時節也虧損甚多。最後他終於申請了五百萬日圓的高利率信用貸款，自己連房租都付不出來。

退路完全斷了之後，他終於能夠冷靜地審視狀況。

該店的菜單品項很豐富，每道菜的價格都在五百日圓以下。不過他為了讓價格變便宜，在味道上做了妥協，那些餐點連他自己都不會想要點來吃。廢棄食材也頗多，這樣當然賺不了錢。

「不如提供一千日圓的美味料理還比較好。」

過年之後他就改變路線，成功地讓客人回流。過去生意最好的十二月，營收為四百萬日圓；一月則變成五百萬日圓。之後每個月的營收都有成長，到了下一個十二月，營收就有一千萬日圓。他還了信用貸款，之後離開公司，陸續開了多間高級居酒屋。

許多人都會煩惱該選擇「低價策略」還是「高價策略」。

如果覺得猶豫，就該選擇「高價策略」。

赫曼・西蒙（Hermann Simon）是全球定價策略的最高權威，他在著作裡如此說道：「能夠以低價與大量販售獲得成功的公司，在大部分的業界裡都只有一到兩間。」

西蒙在著作裡也提到他調查各種業界後，發現靠高價策略獲得成功的企業較多，靠低價策略獲得成功且維持下去的企業則較少。

用低價策略獲得成功並保持下去是非常困難的事。首先，成本必須比對手更低，同時也得有一定程度的品質。在這個階段得費不少工夫。

前面提到的居酒屋，就是經營者早早認為那種不完善的低價策略不可行而放棄，切換成高價策略之後就獲得了成功。

超低價業者「鳥貴族」與「QB HOUSE」的成敗關鍵

縱使以低價策略獲得成功也無法安心。

用低價策略獲取成功很難，維持成功更難。

我舉個例子，從前居酒屋「鳥貴族（雞貴族）」的所有品項都是二八〇日圓，以這種易懂的低價碼獲得事業成長。

二〇一七年十月，鳥貴族時隔二十八年才調整價格，所有品項都漲價六％，變成二九八日圓。

雖然鳥貴族只調漲了六％，但是既存店的營收與顧客數量都比前一年少。

過往靠低價策略維持成功的鳥貴族，要處理酒稅提升與原物料價格上漲的問題，加上改善員工待遇也屬當務之急，所以不得不漲價。不過另一方面，鳥貴族也抱有嚴重的問題。由於分店急速增加，引發分店之間的競爭，而且也來不及把員工培訓好。偏偏又在這個時間點漲價，造成顧客離去，種種狀況加起來，讓鳥貴族苦於經營低潮。在我撰寫本書的二〇一九年八月，鳥貴族為了讓二九八日圓這個新價格上軌道而致力於提升服務品質。

另一方面，也有案例是業者採取低價策略，但是漲價後客人沒有離去。

二〇一九年二月，連鎖理髮店QB HOUSE的理髮費用從一〇八〇日圓變成一二〇〇日圓，漲了十一％。漲價之後，二月的既存店營收成長了九．六％，隔月的三月成長了九．九％，營收增加的部分幾乎都來自漲價。

QB HOUSE 預計會流失六％的顧客，但是卻止於二％（以上數據來自 QB Net 的投資人關係資訊）。

漲價六％的鳥貴族流失了顧客，漲價十一％的 QB HOUSE 卻沒有顧客離去，理由是什麼？

前往QB HOUSE 的顧客，除了低價以外，還感受到了「十分鐘就能剪好頭髮」的價值。而且業界的理髮費用通常是三千日圓，大型理髮連鎖店裡除了QB HOUSE，沒有其他同樣價位的理髮店。

所以即便漲價十一％，顧客也出乎意料地鮮少流失。

鳥貴族則是在低價烤雞肉串店眾多且競爭激烈的狀況下漲價。再加上自家公司的分店互相競爭，員工的工作技能也不足，所以顧客才會流失。

這些採取低價策略的企業，讓我們學到持續採用低價策略有多困難。

就算打出低價策略，日後也很有可能因成本增加等各種因素而不得不漲價。由於QB HOUSE沒有其他大型的競爭對手，所以就算漲價，流失的顧客也很少。不過長期來看，該業界的競爭也會越來越激烈吧。

鳥貴族最初為全品項一律二五〇日圓。一九八九年導入消費稅時漲價為二八〇日圓，據說那時流失的顧客甚少。因為那時幾乎沒有與之競爭的低價烤雞肉串店。但是二〇一七年的競爭已經變激烈。

在市場競爭劇烈的時間點漲價，就會讓顧客一口氣流失。

高價策略可以增加「銷售手法」的選項

高價策略的狀況則不同。因為「顧客消費的理由」，除了價格以外還有許許多多。

比方說某間零件製造商雖然跟其他公司製作一樣的零件，但是卻用「當天交貨」為賣點，所以即便價格是其他公司的數倍，還是有許多有急需的製造商下訂單。

DG TAKANO這家小工廠開發的省水閥「Bubble 90」，只要安裝在水龍頭上，就能節省最多九五％的水並保有洗淨力。某間居酒屋將之裝在店內的水龍頭上後，原本一個月十七萬日圓的水費就減少為六萬日圓。聽說房東看到該店的水費金額後，還擔心「是不是營收銳減」。

雖然Bubble 90要價數萬日圓，但是二〇一八年的銷售數量為四萬個。Bubble 90就算昂貴也可以在短時間內回收成本，所以要用大量的水清洗碗盤的餐飲店為其主要顧客。

另外，DG TAKANO還擴大事業範圍，像是活用自己開發獨特新事業的實務知識，提供顧問服務以協助客戶解決問題等等。

就像這樣，若是選擇高價策略就不會受價格拘束，能夠運用各式各樣的銷售手法。

但若選擇低價策略，所有銷售手法都要以「低價」為前提條件，備受限制。

「賣得貴」這樣的高價策略乍看困難。
不過要靠低價策略獲得成功並保持下去，其實遠遠更加困難。

POINT

要選高價策略？還是低價策略？若是猶豫，就該選高價策略。

第23節　照這樣賣會失敗的訂閱模式

跟風採用「訂閱制」卻大失敗

現在訂閱模式（訂閱制）大為風行。

所謂訂閱制是指每月收取定額的商業模式。

常見的訂雜誌或訂報紙也是訂閱制的一種。定期訂閱的英文為「subscription」。水電瓦斯與電話也是訂閱制，這是我們很熟悉的一種服務。

現在訂閱制已擴展至各式各樣的領域。

豐田汽車（Toyota）在二〇一九年時，開始提供「KINTO」這項訂閱服務。以凌志（Lexus）來說，只要月付二十萬日圓左右，就能在三年內換乘六種凌志的名牌車。普銳斯（Prius）的月費則是五萬日圓左右。汽車費用、登記時的諸多費用、稅金、任意險、汽車稅費都包含在內。

消費者不再執著於擁有物品。

現在訂閱制逐漸擴大發展，連一直以來都是買斷的東西都開始能訂閱。

訂閱制之所以獲得如此大的關注，是因為以商業來說訂閱制頗具吸引力。

首先，營收會很穩定。只要顧客不解約，就會持續付費。只要營收穩定，商業風險也會隨之減少。訂閱制的價格比賣斷便宜，所以也容易接觸到新顧客。因此，認為「我們也用訂閱制的話就會大賣」而開始採用訂閱制的公司逐漸增加。

但並不是只要採用訂閱制就能成功，做生意可沒那麼簡單。

「東京刮鬍俱樂部（Tokyo Shave Club）」於二〇一三年開始提供男用刮鬍刀的定期訂購服務。月付六百日圓能收到三個四刀頭。可是新顧客沒有增加，使用者相當少，到了二〇一八年五月就結束服務。該服務當初是把在美國大獲成功的商業模式輸入至日本。順帶一提，美國四年就培養出三百萬名會員、兩百億日圓營收的生意。

據說美國有許多商店，都是把刮鬍刀放在上鎖的盒子裡，不請店員拿就買不到，所以定額服務很有吸引力。可是日本連超商都買得到刮鬍刀，在亞馬遜購買既便宜又能馬上收到，比訂閱服務還要輕鬆，而且價格也很划算。對日本的顧客來說，使用刮鬍刀定期訂閱服務的好處很少。

隨便就能買到的商品，就算改成訂閱制也只是徒增顧客的麻煩，所以沒有人會買單。

能成功「暢銷」的訂閱模式

若要靠訂閱制獲得成功，首先必須要創造出新穎的顧客體驗。比方說過去因為太貴而沒有出手購買的東西變得便宜，或者麻煩的事物變得簡單。

然後為了持續提供服務，企業也得從中獲得收益。

無法兩者都實現的訂閱服務，企業必須早早放棄並撤退。

成功的訂閱服務都有通過這兩關。

第五節介紹的 Laxus，提供的是能盡情使用名牌包的服務，那也是訂閱制。

對女性而言，選擇名牌包是一件大事，畢竟那是三十萬日圓以上的投資。購買之後要是覺得「好像買錯了」，受到的打擊可是難以估計。雖然男性難以理解，不過對女性來說，選皮包在某種層面上是一種「痛苦」。

Laxus 沒有歸還期限且隨時都能換成其他的名牌包，讓女性免於「選名牌包之苦」。據說有很多人都是在看了價格比較網站後才申請。

成為 Laxus 的會員後，就能依據時間、地點與場合選擇要用什麼名牌包，像女性朋友聚會時可以用香奈兒的肩背包；工作時可以用愛馬仕的托特包；約會則可以用 CELINE 的手提包。總是使用同一種皮包的男性會疑惑「這些皮包有什麼不同」，但是對女性來說卻是天差地別。

Laxus 的兒玉昇司社長表示：「為了消除歸還期限，讓顧客不用因選擇而痛苦，就只能採用訂閱制。」訂閱服務是 Laxus 解決顧客煩惱的手段。

Laxus 把顧客持續使用付費服務的續訂率，視為最重要的指標。其顧客續訂率平均為九〇％。持續使用了九個月以上的顧客有九五％以上。為了讓顧客持續使用服務，就必須徹底追求高顧客滿意度。於是 Laxus 致力於增加名牌包的品項數量，並且為了讓顧客從大量名牌包裡找到自己想要的皮包，Laxus 還會用AI為顧客配對。

我再介紹一個案例。紋意（Stripe International）經營發展「earth music & ecology」等以女性為目標客群的服飾店，其推出了月付五八〇〇日圓就能無限租借全新衣服的服務「多租[3]」。

一次最多能租借三件衣服。只要歸還就能繼續換衣租借，租借總數無上限。歸還一次要花三八〇日圓的手續費。可租借的衣服有五十個品牌、一萬種衣服。

「可以無限租借漂亮時髦的衣服，真是太好了！」最初紋意是為了回應這種女性的心聲，才展開這項服務。

這讓人不禁懷疑「賺得到錢嗎？」，不過目前已有望轉虧為盈。

紋意會將「多租」顧客歸還的衣服，拿到自家公司網站上進行二手衣銷售。顧客歸還的衣服大部分都只穿了幾次，能賣得比一般二手衣貴。二手衣銷售的消化率有九五％。以商品定價來看，「多租」可以回收兩成，二手銷售則可回收五成，總計可以回收定價的七成。一般的衣服在銷售時平均會有四成的折扣，所以只能回收定價的六成。

而且「多租」與紋意共用電子商務網站與物流倉庫，所以也不必持有訂閱服務專用的庫存，也不用擔心賣剩的風險。

「多租」的獲利率比一般店面銷售還要高。

---

3 大量租借之意。

損益平衡點是付費會員數達一萬一千人。不過在二〇一九年七月時，付費會員就已經超過一萬三千人。二〇一九年八月，為求提升知名度，「多租」增加了許多廣告宣傳費等預先投資，所以現在尚未獲利，不過據說他們的將來目標是付費會員達二十萬人、營收一百億日圓。

「賣掉才是開始」

面對訂閱制，我們必須從根本改變思考方式。

以傳統「賣斷」為前提的銷售，將商品販賣出去後會獲得龐大的收益，即「賣出為終點」。因此業者會以賣出為目標，拚命地努力。

另一方面，訂閱制則是顧客訂閱後，會持續累積小小的收益，也就是「賣出為起點」。所以業者要讓顧客持續使用商品或服務並感到滿意，以此獲得利益。

訂閱制不是「神奇的魔法」，難度反而還比一般的事業高。

首先，公司的商品或服務會讓顧客覺得「非用不可」嗎？

從顧客的角度來看，划算嗎？能夠解決顧客的問題嗎？

公司能夠持續提升商品或服務的魅力、更新顧客體驗而不使顧客厭膩嗎？

而且真的對顧客的成功有助益嗎？
第12節介紹的客戶成功，就是為此而生的新工作。
再者，對訂閱服務的投資能長期回收嗎？
企業不可以「賣」訂閱服務。
為了讓顧客持續利用訂閱服務，顧客訂閱之後，企業也必須繼續努力。

POINT

賣出訂閱服務是起點。要持續更新顧客體驗。

〔後記〕
滯銷的失敗乃熱銷的種子

備受所有人期待的新專案陷入僵局。

誰都看得出來專案已經失敗，但是誰都說不出口。

要是說「開檢討會反省哪裡有錯吧」，就會有人強力反對「大家做事都很認真，不要找戰犯」。在組織裡會獲得好評的是幹勁與漂亮話。

失敗極受厭惡，探討失敗的「檢討會」被視為「消極的討論」而遭到忌諱迴避。

或許有很多人都覺得「這不就是在講我們公司嗎？」

這種組織會難以脫離低迷不振。

現在有許多日本企業都陷入這種狀況。

不少商業人都會假裝滯銷帶來的失敗從未發生過，只說「下次要成功」就致力於開發新商品，或者說「沒達成上一期的營收目標，是已經結束的事情，就忘了吧。這一期一定要達成目標」，接著就朝推銷邁進。

可是失敗必有因。放著失敗不管，就算進行新的挑戰，失敗的原因也不會消失。這樣只會再度失敗，反覆滯銷。

失敗其實是重要的機會。那些人都自己放棄了這個機會。

迅銷虧損三十億日圓後做出的「失敗小手冊」

經營發展 UNIQLO 的迅銷集團，在二〇〇二年展開了新事業，那就是生產銷售新鮮蔬菜的「SKIP」。這雖然讓人疑惑「為什麼從事服飾業的 UNIQLO，會做完全不同領域的蔬菜生意」，但是他們最初是有勝算的。

迅銷集團在服飾業進行了生產、流通的合理化（rationalization）措施，消除浪費，用低價提供優質的商品。從迅銷集團的角度看來，蔬菜的生產與流通盡是浪費。他們認為「迅銷可以活用在服飾業界培養出來的合理化技術」。而且當時是人們剛開始關注食品安全的時期，那時沒有能安心食用又美味的食物。迅銷認為此乃一大機會。

於是一九九九年轉職至迅銷公司的柚木治先生，在董事會上提出了新事業

SKIP的企劃案。

所有董事都表示反對，只有當時擔任社長的柳井正先生沒有。

「試試看吧。」

二〇〇二年，SKIP開始在九間實體店鋪與網路販售精選蔬菜。

但是之後SKIP就成為迅銷史上最大的失敗企劃案。SKIP在一年半後嚴重虧損，賠了三十億日圓，最後柚木先生與柳井社長召開了撤退記者會。

柚木先生有所覺悟地說：「我只能離開公司了……」

不過，據說柳井社長這麼說：「你說這什麼話，不過就是失敗了一次。把經驗運用在下一個企劃案上吧，然後要給我把錢賺回來。」

不僅如此，柳井社長還召集了公司內課長級以上的所有主管，舉行了檢討會。

眾多經理彼此直率地說出意見：「那個蔬菜事業太離譜了」。

據說他們在檢討會裡提出了三項反省重點。

①未確實掌握顧客的需求。採用以商品為核心的思考方式，認為「做出好東西就會大賣」，欠缺顧客觀點。忙碌的主婦會想要在一個地方把東西全都買好，但是

SKIP卻只有賣蔬菜。而且網購還無法挑選商品。

②對於蔬菜生產、流通、零售的全部過程沒有做足功課。UNIQLO認為「只要全面掌控農產品的企畫、生產與流通就OK」。但實際上農產品相關業界的人們，都在這個領域辛苦耕耘了幾十年。迅銷雖然在服飾業累積了業界經驗，但在農產品相關業界卻是毫無經驗。

③不夠瞭解作為合作夥伴的相關業者會受到的影響。辜負了農家與進駐的百貨公司等業者的期待。

柚木先生統整檢討會的結論後，將之製成小手冊。

迅銷確實從SKIP的大失敗學到了一些事情。

然後過了幾年，柚木先生擔任了迅銷旗下GU公司的副社長，GU的虧損狀況十分嚴重。

經歷SKIP的大失敗後，柚木先生認為「公司需要能讓消費者印象深刻的商品」，於是便在GU加入了九九〇日圓系列商品。該系列大熱賣後，GU便由虧轉盈，重獲生機。

但是該成功也未能長久持續。過了一年，營收就開始低於去年。

就在那時，柚木先生獲得指名，成了GU的社長。該時期剛好有H＆M與Forever 21等強大的快時尚（Fast Fashion）外商陸續登陸日本。柚木先生認為「沒有人會想要廉價版的UNIQLO」，於是他深入思考什麼樣的商品能讓消費者感到高興。他向許多女員工詢問：「妳想要什麼樣的衣服？」

有女員工說：「好像沒有日本人設計的快時尚。」

這句話啟發了他，他將原本委託給外部設計師的設計工作，改交給自己公司的設計師。在那之後，GU便持續成長。

SKIP只不過是迅銷諸多失敗企畫中的其中一個。

一九九七年，UNIQLO開了運動休閒服飾店「SPOQLO」，以及家庭休閒服飾店「FAMIQLO」，但卻在一年內就收攤。

二〇〇一年，UNIQLO在倫敦開了第一間海外分店，但是一年半就關閉了英國二十一間分店中的十六間。在那之後，UNIQLO還是在海外經營事業並反覆試誤。

口頭禪為「失敗是家常便飯」的柳井先生，也出了《一勝九敗》（日本新潮社出版）這本著作。雖然 UNIQLO 曾經失敗無數次，但是即便失敗，他們也會快速放棄以求停損，然後確實地從失敗中學習。所以 UNIQLO 才會持續成長。

挑戰經營 SKIP 的二〇〇二年，UNIQLO 的營收為三千億日圓，二〇一八年則變成兩兆日圓，竟成長了七倍之多。而且過往失敗不斷的海外事業，現在其營收也占了整體營收的五〇％以上。

一勝九敗也沒關係

無論如何分析研究，也絕對無法事先得知新商品或新事業計畫會不會成功。

企業需要的是思考出「理應可行」的假說，接著馬上付諸實現。之後一定要驗證結果、提出對策，堅持不懈地進行這種回饋循環（feedback loop），並且在面臨失敗時早早放棄，在變成重傷之前止血停損。然後將這種回饋循環落實於公司裡的所有場面中。

回饋循環會發展出可行的商品或新事業。即便一勝九敗也無妨，只要獲得的那一勝能夠抵銷九敗造成的損失，且還有多餘的利益即可。

「可是我無論如何都討厭失敗。」

一勝九敗也能成功的理由

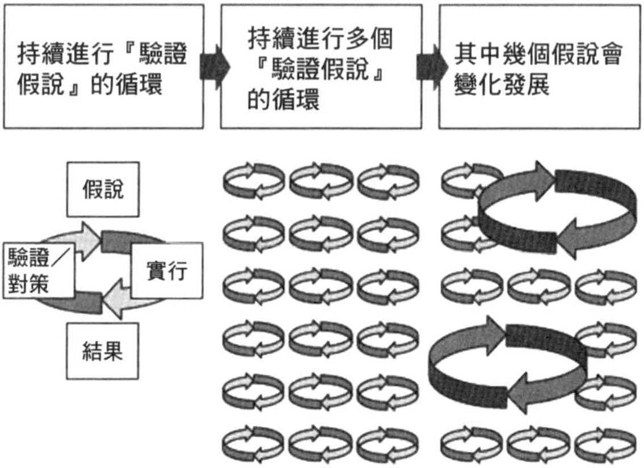

這樣的人也不在少數。

世界上也有絕對不允許失敗的業界。具代表性的業界有鐵路運輸業與航空業。航空器引擎的維修工程師，只要有一點疏漏失誤，就會讓數百人的生命暴露於危險之中。所以要徹底迴避風險，以飛行與行駛的安全為最優先，絕對不允許事故發生。

經手金錢的銀行業也不允許計算上的錯誤。

電力、瓦斯與自來水的相關設施，也是攸關人命的維生管線。

「無論如何都不允許自己失敗」的人，如果去那樣的業界，說不定就能充分發揮自己的強項。

日本現在的問題，在於強行要求所有人「不能失敗」。

數十億年前尚為單細胞的生命進化成人類，其實也是幾經失敗的成果。

生殖過程中的基因複製階段發生差錯，就會創造出突變體。其中能適應環境的突變體，經過天擇後就會存活下來。這個過程在長到超乎想像的時間裡反覆發生，才有了現在的我們。

所有人都極度畏懼失敗而不敢挑戰的社會，無法產生任何進化。

大多數的人都害怕失敗，所以做出來的商品才會滯銷。日本因而陷入長期的發展停滯。

日本人害怕失敗，是因為大眾認為「失敗乃恥辱」而備感畏懼。

美國人與中國人就算失敗也不會感到羞恥。

他們會坦然承認「我失敗了」，心態很開放。他們對失敗的看法與日本人不同。

文化人類學家露絲・潘乃德（Ruth Benedict）的著作《菊與刀》（現代教養文庫）裡，有一節為〈罪感文化與恥感文化〉。

歐美基督教屬「罪感文化」。只要懺悔罪過，心情就會變輕鬆。

日本則屬「恥感文化」。要是過錯公諸於世，就會讓人更加痛苦。

日本人認為「失敗」等於「過錯」又等於「羞恥」，所以無法承認失敗，也無法從中學習。

既然如此，只要轉換思考，把「失敗」視為「共同學問資產」，就能從失敗中學習。

日本人非常喜歡共享學問與組織。這種思考轉換的方式，能夠讓日本人的資質有所發揮。

日本實際上也有那種會從失敗中學習並獲得成長的公司。

大阪府堺市的「太陽零件公司（Taiyo Parts）」就有「大失敗獎」。社長會一邊說「你這傢伙狠狠地搞砸了啊」，一邊把獎狀與兩萬日圓的獎金交給員工。社長說：「畏縮不前是最糟糕的態度。失敗才能看見下一個課題，我們只能一笑了之並展開行動。」說出這些話的社長，自己也曾獲得「大失敗獎」。這間公司自一九八三年設立以來從未虧損。

馬自達（MAZDA）的生產工廠，也用「失敗大獎」表揚挑戰新事物但卻失敗的人。

「失敗」是珍貴的共同資產，倘若無法從中學習，實在頗為「浪費」。多虧失敗後的學習，世界才得以進步。如果能夠鼓勵員工從失敗中學習，公司就能逐漸成長。不斷挑戰新事物吧。當然，我們有時候也會失敗，屆時再好好地學習吧。

POINT

滯銷的失敗，正是下次熱銷的種子。

參考資料

第1節

〈雀巢「咖啡大使」將達五十萬人，跨足公民館與卡車〉（日本經濟新聞，2015/1/12）

〈日本雀巢 徹底解剖〉（鑽石週刊，2016/10/1日號）

統整了日本雀巢挑戰推行雀巢咖啡大使的經過與事業狀況。

第2節

〈聚焦這一手／極優「GU STYLE STUDIO」：實體店面與電商結合的GU首間商品展示店開幕〉（激流月刊，2019/2）

介紹了GU STYLE STUDIO的挑戰。

《二〇一九年三月期　決算說明與今後的展望》（丸井集團股份有限公司，2019/5/14）

《共創通訊（股東通訊）vol.06 二〇一九年三月期報告書》（丸井集團股份有限公司，2019/5/14）

統整了丸井的策略與成果：改革轉型為購物中心模式以及數位原生店鋪。

〈試製兼展示　蔦屋家電的新機制〉（日經產業新聞，2019/5/22）

〈日本首間網路時代的新世代展示間「蔦屋家電＋」在二〇一九年四月於二子玉川開幕〉（PRTIMES，2018/12/14）

介紹了蔦屋家電的挑戰。

第3節

〈出版市場萎縮至巔峰時期的一半以下二〇一八年約為一兆二千八百億日圓〉（日本經濟新聞，2018/12/25）

根據出版科學研究所的調查，紙本出版品的銷售額巔峰為一九九六年（二兆六五六三億），與之相比，二〇〇八年大約為一兆二千八百億日圓，銷售額已連續十四年都比前一年少。市場縮小至巔峰時期的一半以下。

〈「書店有應盡的職責」——淳久堂新宿店「最後的熱忱」〉（ITmedia News，二〇一二年四月2日https://www.itmedia.co.jp/news/articles/1204/02/news043.html）

統整了淳久堂新宿店收攤書展的狀況。

〈日販集團——以咖啡誘發讀書欲〉（日經產業新聞，2019/5/15）

統整了文喫的挑戰。

第4節

《法拉利、藍寶堅尼、瑪莎拉蒂　創造傳說的品牌行銷》（越湖信一著，KADOKAWA）
探討義大利的超級跑車如何打造品牌。應該能為日本精工製造帶來很大的啟發。

《競合策略（Co-Opetition）》（亞當・布蘭登伯格、貝利・奈勒波夫共著，日本經濟新聞社）
用簡單易懂的方式講解對商業事業有助益的賽局理論，並舉出實際案例。

《影響力（Influence: Science and Practice）〔第三版〕》（羅伯特・席爾迪尼著，誠信書房）
解說稀少性與心理抗拒。

第5節

〈月付六千八百日圓，續訂率九一・六％！「Laxus」用名牌包租賃創造嶄新的共享經濟〉
（https://industry-co-creation.com/catapult/31414, 2018/5/30）
介紹 Laxus 如何選擇顧客才得以實現月付六千八百日圓的機制。

《The 排隊名店》「毒舌健康咖哩」（東京電視台　世界財經衛星，2018/11/9）
介紹吉田咖哩。

《競合策略（Co-Opetition）》（如同前述）
介紹阿斯巴甜的案例，其中提到「重要的是要思考自己加入市場賽局後，賽局會有什麼樣的變化。不可將『競爭』免費奉送」。

《策略性銷售（Strategic Selling）》（R. B. 米勒、S. E.海曼共著，鑽石社）
介紹了「理想顧客」的定義方法。

第6節

〈利益來源為「浪費」與「沒效率」　栃木最強的佐藤相機之不可思議的經營方式〉（日經商業，二〇一五年十二月十四日號）
介紹了佐藤相機的挑戰。

第7節

《策略性銷售（Strategic Selling）》（如同前述）
介紹了法人業務銷售的策略性思維。四種反應模式為「渴求成長型」、「懷有問題型」、「平穩型」、「過度自信型」，法人業務員必須分辨出客戶屬於哪一種，並專注於前兩種案件。

第8節

〈創新異論第一回　「未達預期業績也無妨」一休社長說出「極端言論」的理由〉（日經xTREND，二〇一八年十二月十一日）
介紹一休榊淳社長的故事。

《讓人成長的力量（Why We Do What We Do）》（愛德華・迪西、理查・福勒斯特共著，新曜社）
敘述外在動機、設定目標或競爭會使內在動機變弱。

第9節

《創新的兩難（The Innovator's Dilemma）》（克雷頓・克里斯汀生著，翔泳社）
介紹了溫德米爾諮詢公司（Windermere Associates）命名為「購買層級」的產品演進模式。

第10節

〈向「富士宮炒麵學會」會長渡邊英彥請教　靠在地B級美食成功活絡地區發展的秘訣　展開用雙關語宣傳的零預算推銷活動〉（近代SALES，2019/9/11）
〈能拯救故鄉的各種方法〉（鑽石週刊，二〇〇九年十月三日號）
〈向「富士宮炒麵」學習〉（TKC戰略經營者，2010/8/1）
介紹了富士宮市的挑戰。為此盡心盡力的渡邊先生，已於二〇一八年的年底過世。在此為他哀悼祈福。
《企業戰略論〔上〕（Gaining and Sustaining Competitive Advantage）》（傑伊・巴尼著，鑽石社）

內容闡述「具有價值、稀少且模仿成本高」的經營資源，即為企業組織的強項。自己公司的經營資源獨特性（強項），對自己人來說為理所當然而往往不受重視，所以由外部協助掌握強項為有效的辦法。

《競爭大未來（Competing for the future）》（蓋瑞．哈默爾、C. K. 普哈拉共著，日本經濟新聞社）

介紹了核心競爭力的概念。

第11節

《丹．甘迺迪的世界第一狡黠定價策略（No B.S. Price Strategy）》（丹．甘迺迪、傑森．馬爾斯共著，DIRECT出版）

提及一位模型店老闆因沃爾瑪進駐而煩惱，作者則給予建議。

《如何打造能賺大錢的機制　龍捲風循環式的假說驗證》（永井孝尚著，幻冬舍）

介紹了Japanet Takata的案例。

《誰在操縱你的選擇（The Art of Choosing）》（希娜．艾恩嘉著，文藝春秋）

介紹了知名果醬實驗的結果。

第12節

《顧客忠誠度管理（The Loyalty Effect）》（弗雷德里克．瑞克赫爾德著，鑽石社）

讓顧客忠誠度這個概念普及的名著。

《創新的用途理論（Competing Against Luck）》（克雷頓・克里斯汀生等數人共著，日本哈潑柯林斯）

此書提倡創新源自顧客必須解決的事情（Job）。

《電化山口停止「便宜賣」的理由》（山口勉著，寶島社）

內容闡述町田電器行「電化山口」的挑戰。

《備受擁護的公司　能吸引熱情粉絲的機制建立法》（新井範子、山川悟共著，光文社）

書裡介紹了電化山口的一個小故事，內容為遠住他方的兒子，向電化山口買了三十萬日圓的電視送給母親。

〈在令和展翅高飛的新職種　XaaS 時代注重「共鳴與數據」之促銷與人事策略〉（日經產業新聞，2019/7/31）

介紹了Salesforce.com的客戶成功概念。

第13節

〈企業：小林製藥　精選創意　立即產品化〉（工業新聞日報，2007/8/22）

介紹了小林製藥的作法。

第14節

《超級行銷（How to become a marketing superstar）》（傑佛瑞・福克斯著，光文社）
書裡介紹了八個廣告禁用詞。

第15節

〈超乎想像的多種「工作論」。無疑本來就該走紅的倉持由香〉（新R25，2018/3/13）
介紹了倉持由香小姐的採訪內容。

《寫真女星的工作論》（倉持由香著，星海社新書）
此書集結倉持小姐的工作哲學。

第16節

《從〇到一（Zero to One）》（彼得・提爾、布雷克・馬斯特共著，NHK出版）
書裡介紹了PayPal的案例。

《日本製造　反擊的腳本》（NHK採訪組著，寶島社）
刊登了海爾張瑞敏執行長的採訪。

《跨越鴻溝（Crossing the Chasm）》（傑佛瑞・墨爾，翔泳社）
介紹了Documentum的案例。

《創業家的教科書〔新裝版〕（The Four Steps to the Epiphany）》（史蒂夫・布蘭克著，翔泳

社）

此書提倡顧客開發模式。

《長銷商品將使公司腐朽》（大山健太郎著，日經BP社）

書裡介紹了愛麗思歐雅瑪開始從事賣米生意的目的。

第17節

〈〔發現名人〕炸串田中HD社長貫　二先生〉（日本經濟新聞晚報，2019/4/8）

決意全面禁菸的炸串田中社長講述其目的。

《七大步驟打造企業關鍵留客力》（遠藤直紀、武井由紀子共著，日本實業出版社）

介紹了召集主婦並訪問想要什麼盤子的案例。

〈狂熱顧客為何冷卻　在萎縮市場中不讓顧客厭膩的十二種戰術〉（日經商業，二〇一八年十一月十九日號）

介紹了《萵苣俱樂部》的挑戰。

〈〔事業生涯的起點〕靠「外人」觀點而罕見復活　貼近讀者的「日常」〉（日經產業新聞，2019/3/29）

刊登了《萵苣俱樂部》總編輯的訪問內容。

〈花王社長　尾崎元規先生（上）熱賣商品，抓住高峰（我的課長時代）〉（日本經濟新聞，

2010/4/19）
講述開發飄雅洗髮精時的狀況。
《IDEA物語（The Art of Innovation）》（湯姆．凱利與強納森．李特曼共著，早川書房）
此書為設計思考的起點。書裡也介紹了華沙的飲料公司案例。

第18節

《T.李維特行銷論（Theodore Levitt on Marketing）》（希奧多．李維特著，鑽石社）
敘述追隨者策略的有效性，不過這已是五十年以前的論文。
《製造業銷售活動實況調查》（中小企業研究所，二〇〇四年十一月）
刊登了熱賣商品的生命週期調查結果。
《行銷管理（Marketing Management）》（菲利普．科特勒與凱文．萊恩．凱勒共著，丸善出版）
介紹產品生命週期。

第19節

〈用數據看消費　透明飲料離常駐商品尚遠　也有認為「口味沒有變化」的意見出現〉（日本經濟新聞，2018/7/19）

介紹了透明飲料的實際銷售數據。

《品牌這樣搞就錯了！（Brand Failures）》（麥特・海格著，鑽石社）

分析六十件全球知名品牌的失敗案例，其中也介紹了新可樂的失敗。

〈3D television〉（英語版Wikipedia：https://en.wikipedia.org/wiki/3D_television，二〇一九年五月七日）

介紹了3D電視的商業狀況。

第20節

〈調查潛在需求　問題意識會帶來商機〉（工業新聞日報，2007/6/6）

介紹了TORIDAS的案例。

〈將禁忌反轉為革新力〉（日經商業，二〇一九年五月七日）

介紹了Mandom「碧菲絲特」的案例。

第21節

〈動態定價　得接受的時價，想要的時價〉（日經商業，二〇一九年三月十八日號）

星野渡假村的星野代表講述BEB5的目標。

《航向藍海（Blue Ocean Shift）》（金偉燦、芮妮・莫伯尼共著，鑽石社）

按照藍海策略解說citizenM的案例。

第22節

〈「想成為餐飲店的夥伴」預約APP領頭羊的逆轉劇碼　TORETA代表取締役 中村仁〉（東洋經濟週刊，二〇一九年七月二十七日號）

第二十二節開頭的居酒屋案例，係依據TORETA創辦人中村先生於二〇〇〇年一邊上班、一邊在西麻布開居酒屋的經驗。中村先生的「西麻布　豚組」、「豚組　涮庵」等店獲得成功後，他便開始提供支援餐飲業的系統。

〈經營教室「反骨領導者」大倉忠司社長（鳥貴族）的「自負」價值〉（日經商業，二〇一八年九月十日號）

鳥貴族的大倉社長講述定價策略的目的。

〈請教創業領導人　「我的訂價哲學」　（株）鳥貴族　大倉忠司先生〉（食堂月刊，二〇一九年八月號）

大倉社長講述他對定價策略的看法，以及二〇一七年漲價導致客人流失的主要原因。

〈DG TAKANO　將小工廠「沉睡的技術」化為形體〉（日經商業，二〇一九年一月二十二日號）

介紹開發出省水閥Bubble90的DG TAKANO。

第23節

〈不買時代的訂閱制事業建構法〉（日經xTREND，二〇一八年十二月號）
介紹了Tokyo Shave Club等案例。

〈月付六千八百日圓，續訂率九一・六%！「Laxus」用名牌包租賃創造嶄新的共享經濟〉
（如同前述）介紹Laxus的案例。

〈Stripe的衣物訂閱服務，下載數一百萬的三項策略　靠全數新品增加顧客、二手轉賣、簡化歸還方式〉（日經ＭＪ，2019/8/5）
介紹了MECHAKARI的最新情況。

〈贏過亞馬遜的經營方式〉（東洋經濟週刊，二〇一九年一月二十六日號）
介紹了MECHAKARI的案例。

長篇後記

〈特輯2—失敗的研究—Case1　從UNIQLO蔬菜事業的失敗邁向「g.u.」的成功—不可能一次就成功，把失敗當作精神糧食吧〉（日經商業Associé，二〇一二年十一月號）
刊登了提出SKIP企劃案的柚木先生採訪內容。

《迎變世代（ADAPT）》（提姆・哈福特著，武田藍燈書屋Japan）
介紹試誤會帶來進化的概念。

〈頒給「大失敗獎」兩萬日圓　拚命稱讚的零件工廠經營術〉（日本經濟新聞，2016/1/17）

介紹太陽零件公司的大失敗獎。

《如何打造能賺大錢的機制　龍捲風循環式的假說驗證》（如同前述）

提倡應該要把失敗視為共同學問資產。

《菊與刀》（露絲・潘乃德著，現代教養文庫）

美國在第二次世界大戰與日本交戰後，認為「為了占領戰後的日本，必須瞭解日本文化」，於是委託身為文化人類學家的作者進行研究並寫成此書。

在源於基督教的歐美「罪感文化」裡，犯了罪過的人毋須隱瞞，只要告解過錯就能讓心情變輕鬆；相對的，日本的「恥感文化」認為羞恥的嚴重性更勝於罪過，所以坦承過錯反而會變得痛苦。

國家圖書館出版品預行編目資料

大賣場旁的小販為什麼不會倒？：23招包你接單到手軟的銷售密技 / 永井孝尚著；郭書妤譯. -- 初版. -- 臺北市：商周出版：家庭傳媒城邦分公司發行，2020.05
面； 公分
譯自：売ってはいけない売らなくても儲かる仕組みを科学する
ISBN 978-986-477-835-5（平裝）
1.銷售 2.行銷策略
496.5 109005558

W0742
賣場旁的小販為什麼不會倒？

文書名／売ってはいけない売らなくても儲かる仕組みを科学する
者／永井孝尚
者／郭書妤
劃選書／黃鈺雯
任編輯／劉芸
權／黃淑敏、翁靜如、林心紅、邱珮芸
銷業務／莊英傑、周佑潔、王瑜

編輯／陳美靜
經理／彭之琬
業群總經理／黃淑貞
行人／何飛鵬
律顧問／台英國際商務法律事務所 羅明通律師
版／商周出版
臺北市104民生東路二段141號9樓
電話：(02) 2500-7008 傳真：(02) 2500-7759
E-mail: bwp.service@cite.com.tw
行／英屬蓋曼群島商家庭傳媒股份有限公司 城邦分公司
臺北市104民生東路二段141號2樓
讀者服務專線：0800-020-299 24小時傳真服務：(02) 2517-0999
讀者服務信箱E-mail: cs@cite.com.tw
劃撥帳號：19833503 戶名：英屬蓋曼群島商家庭傳媒股份有限公司城邦分公司
購服務／書虫股份有限公司客服專線：(02) 2500-7718；2500-7719
服務時間：週一至週五上午09:30-12:00；下午13:30-17:00
24小時傳真專線：(02) 2500-1990；2500-1991
劃撥帳號：19863813 戶名：書虫股份有限公司
E-mail: service@readingclub.com.tw
港發行所／城邦（香港）出版集團有限公司
香港灣仔駱克道193號東超商業中心1樓
E-mail: hkcite@biznetvigator.com
電話：(852) 25086231 傳真：(852) 25789337
新發行所／城邦（馬新）出版集團【Cite (M) Sdn. Bhd.】
41, Jalan Radin Anum, Bandar Baru Sri Petaling, 57000 Kuala Lumpur, Malaysia.
電話：(603) 9057-8822 傳真：(603) 9057-6622 E-mail: cite@cite.com.my

面設計／黃宏穎
刷／韋懋實業有限公司
經銷／聯合發行股份有限公司 電話：(02)2917-8022 傳真：(02)2911-0053
地址：新北市231新店區寶橋路235巷6弄6號2樓

2020年5月12日初版1刷
2020年8月31日初版2.3刷

Printed in Taiwan

TTE WA IKENAI

irst published in Japan in 2019 by PHP Institute, Inc.
raditional Chinese translation rights arranged with PHP Institute, Inc.
hrough Bardon-Chinese Media Agency

城邦讀書花園
www.cite.com.tw

SBN 978-986-477-835-5

價／330 元